J. C. Oxtoby

# Maß und Kategorie

Aus dem Englischen übersetzt von
K. Schürger

Springer-Verlag
Berlin · Heidelberg · New York 1971

Professor John C. Oxtoby
Physical Sciences Building
Bryn Mawr College
Bryn Mawr, Pa. 19010/USA


Klaus Schürger
6901 Dossenheim
Schulstraße 1


Die englische Ausgabe „Measure and Category" erscheint in Kürze als Vol. 3 der Reihe „Graduate Texts in Mathematics".

AMS Subject Classifications (1970): 26-01, 26 A 21, 28-01, 28 A 05, 54-01, 54 C 50, 54 E 50, 54 H 05

ISBN-13: 978-3-540-05393-4     e-ISBN-13: 978-3-642-96074-1
DOI: 10.1007/978-3-642-96074-1

# Vorwort

Dieses Buch behandelt hauptsächlich zwei Themenkreise:

Der Bairesche Kategorie-Satz als Hilfsmittel für Existenzbeweise

sowie

Die "Dualität" zwischen Maß und Kategorie.

Die Kategorie-Methode wird durch viele typische Anwendungen erläutert; die Analogie, die zwischen Maß und Kategorie besteht, wird nach den verschiedensten Richtungen hin genauer untersucht. Hierzu findet der Leser eine kurze Einführung in die Grundlagen der metrischen Topologie; außerdem werden grundlegende Eigenschaften des Lebesgueschen Maßes hergeleitet. Es zeigt sich, daß die Lebesguesche Integrationstheorie für unsere Zwecke nicht erforderlich ist, sondern daß das Riemannsche Integral ausreicht. Weiter werden einige Begriffe aus der allgemeinen Maßtheorie und Topologie eingeführt; dies geschieht jedoch nicht nur der größeren Allgemeinheit wegen. Es erübrigt sich fast zu erwähnen, daß sich die Bezeichnung "Kategorie" stets auf "Bairesche Kategorie" bezieht; sie hat nichts zu tun mit dem in der homologischen Algebra verwendeten Begriff der Kategorie.

Beim Leser werden lediglich grundlegende Kenntnisse aus der Analysis und eine gewisse Vertrautheit mit der Mengenlehre vorausgesetzt. Für die hier untersuchten Probleme bietet sich in natürlicher Weise die mengentheoretische Formulierung an. Das vorliegende Buch ist als Einführung in dieses Gebiet der Analysis gedacht. Man könnte es als Ergänzung zur üblichen Grundvorlesung über reelle Analysis, als Grundlage für ein Seminar oder auch zum selbständigen Studium verwenden. Bei diesem Buch handelt es sich vorwiegend um eine zusammenfassende Darstellung; jedoch finden sich in ihm auch einige Verfeinerungen bekannter Resultate, namentlich Satz 15.6 und Aussage 20.4.

Das Literaturverzeichnis erhebt keinen Anspruch auf Vollständigkeit. Häufig werden Werke zitiert, die weitere Literaturangaben enthalten.

Dieses Buch entstand aus überarbeiteten und erweiterten Aufzeichnungen, die ursprünglich für Vorlesungen angefertigt wurden, die im Frühjahr 1957 am Haverford College unter der Schirmherrschaft des William Pyle Philips Fund stattfanden. Die genannten Vorlesungen bauten auf den Earle Raymond Hedrick Lectures auf, die während der Sommer-Tagung der Mathematical Association of America in Seattle, Washington, im August 1956 gehalten wurden.

J.C.OXTOBY

# Inhaltsverzeichnis

# Kapitel 1

# Maß und Kategorie auf der Zahlengeraden

Die Begriffe "Maß" und "Kategorie" basieren nicht zuletzt auf dem Begriff der Abzähl-
barkeit. Der Satz von CANTOR, der besagt, daß kein Intervall reeller Zahlen abzählbar ist, bildet einen natürlichen Ausgangspunkt für das Studium von Maß und Kategorie.
Wir erinnern daran, daß eine Menge <u>abzählbar</u> genannt wird, wenn sich ihre Elemente
eineindeutig den natürlichen Zahlen $1, 2, \ldots$ zuordnen lassen. Eine Menge heißt <u>höch-
stens abzählbar</u>, wenn sie endlich oder abzählbar ist. Die Menge der rationalen Zahlen ist abzählbar, da zu jeder positiven ganzen Zahl $k$ nur endlich viele (höchstens
$2k - 1$) rationale Zahlen $p/q$ in reduzierter Form ($q > 0$, $p$ und $q$ relativ prim)
existieren, für die $|p| + q = k$ gilt. Numerieren wir zunächst diejenigen, für welche
$k = 1$ ist, dann diejenigen, für welche $k = 2$ ist usw., so erhalten wir eine Folge, in
welcher jede rationale Zahl genau einmal auftritt. Wir kommen nun zum Satz von
CANTOR.

<u>Satz 1.1</u> (CANTOR)
Zu jeder Folge $\{a_n\}$ reeller Zahlen und zu jedem Intervall $I$ existiert ein Punkt
$p \in I$ derart, daß $p \neq a_n$ für jedes $n$ gilt.
Dieser Satz läßt sich etwa wie folgt beweisen. Sei $I_1$ ein abgeschlossenes Teilintervall
von $I$ derart, daß $a_1 \notin I_1$ gilt. Sei $I_2$ ein abgeschlossenes Teilintervall von $I_1$ derart,
daß $a_2 \notin I_2$ gilt. Allgemein sei $I_n$ ein abgeschlossenes Teilintervall von $I_{n-1}$ derart,
daß $a_n \notin I_n$ gilt. Die Folge der ineinandergeschachtelten abgeschlossenen Intervalle $I_n$ besitzt einen nichtleeren Durchschnitt. Ist $p \in \cap I_n$, so folgt $p \in I$ und $p \neq a_n$ für jedes $n$.
Dem Einwand, daß in diesem Beweis unendlich viele willkürliche Auswahlen vorkom-
men, kann man dadurch begegnen, daß man eine bestimmte Vorschrift angibt, nach der
die Intervalle gewählt werden müssen. Eine mögliche Vorschrift ist folgende: man un-
terteile $I_{n-1}$ in drei abgeschlossene Teilintervalle gleicher Länge und wähle für $I_n$
dasjenige unter ihnen, welches als erstes $a_n$ nicht enthält. Definieren wir nun noch
$I_0$ als ein zu $I$ konzentrisches abgeschlossenes Intervall, das z.B. halb so lang wie
$I$ ist, so sind alle Intervalle $I_n$ eindeutig festgelegt, und wir sind zu einer wohldefi-
nierten Funktion von $(I, a_1, a_2, \ldots)$ gelangt, deren Wert ein von allen $a_n$ verschie-
dener Punkt aus $I$ ist.
Die Tatsache, daß kein Intervall höchstens abzählbar ist, folgt unmittelbar aus dem Satz
von CANTOR.

Ändert man den obigen Beweis ein wenig ab, so erhält man einen Beweis des Baireschen Kategorie-Satzes für die Zahlengerade. Zur Formulierung dieses Satzes benötigen wir einige Definitionen. Eine Menge $A$ heißt <u>dicht im Intervall</u> I, falls $A$ einen nichtleeren Durchschnitt mit jedem Teilintervall von I hat; sie heißt <u>dicht</u>, falls sie dicht in der Zahlengeraden $R$ ist. Eine Menge heißt <u>nirgends dicht</u>, falls sie in keinem Intervall dicht ist, d.h. falls jedes Intervall ein Teilintervall enthält, das ganz im Komplement von $A$ liegt. Eine nirgends dichte Menge läßt sich als eine Menge charakterisieren, die "voller Löcher" ist. Oft sind die beiden folgenden, zur obigen Definition einer nirgends dichten Menge äquivalenten Definitionen nützlich: Eine Menge $A$ ist genau dann nirgends dicht, falls ihr Komplement $A'$ eine dichte offene Menge enthält, oder damit gleichwertig: falls $\overline{A}$ (die abgeschlossene Hülle von $A$, für die wir auch $A^-$ schreiben) keine inneren Punkte enthält. Die Klasse der nirgends dichten Mengen ist abgeschlossen gegenüber gewissen Operationen. Es gilt nämlich


<u>Satz 1.2</u>
Eine beliebige Teilmenge einer nirgends dichten Menge ist nirgends dicht. Die Vereinigung zweier (oder endlich vieler) nirgends dichter Mengen ist nirgends dicht. Die abgeschlossene Hülle einer nirgends dichten Menge ist nirgends dicht.


<u>Beweis</u>
Die erste Behauptung ist klar. Zum Beweis der zweiten Behauptung beachte man, daß zu zwei beliebigen nirgends dichten Mengen $A_1$ und $A_2$ und zu einem beliebigen Intervall I Intervalle $I_1 \subset I - A_1$ und $I_2 \subset I_1 - A_2$ existieren. Daraus ergibt sich $I_2 \subset I - (A_1 \cup A_2)$. Dies zeigt, daß $A_1 \cup A_2$ nirgends dicht ist. Schließlich ist jedes offene, in $A'$ enthaltene Intervall auch in $A^{-\prime}$ enthalten. $\Box$


Eine abzählbare Vereinigung nirgends dichter Mengen ist i.a. nicht mehr nirgends dicht, ja, sie kann sogar dicht sein. Z.B. ist die Menge der rationalen Zahlen dicht in $R$; gleichzeitig ist sie aber eine abzählbare Vereinigung einelementiger Mengen, die sämtlich nirgends dicht in $R$ sind.
Man sagt, eine Menge sei von <u>1.Kategorie</u>, falls sie sich als abzählbare Vereinigung nirgends dichter Mengen darstellen läßt. Eine Teilmenge von $R$, die sich nicht in der genannten Art darstellen läßt, heißt von <u>2.Kategorie</u>. Diese Definitionen wurden im Jahre 1899 von R. BAIRE [18, S. 48] gegeben, auf den auch der folgende Satz zurückgeht.


<u>Satz 1.3</u>  (BAIRE)
Das Komplement einer beliebigen Menge von 1.Kategorie auf der Zahlengeraden ist dicht. Kein Intervall in $R$ ist von 1.Kategorie. Der Durchschnitt einer beliebigen Folge dichter offener Mengen ist dicht.

Beweis

Die drei obigen Aussagen sind im wesentlichen äquivalent. Zum Beweis der ersten
Aussage sei $A = \cup A_n$ eine Darstellung der Menge $A$ als abzählbare Vereinigung nirgends dichter Mengen. Für ein beliebiges Intervall $I$ sei $I_1$ ein abgeschlossenes Teilintervall von $I - A_1$ . Sei $I_2$ ein abgeschlossenes Teilintervall von $I_1 - A_2$ usw.
Der Durchschnitt $\cap I_n$ ist dann eine nichtleere Teilmenge von $I - A$ , so daß $A'$ dicht
ist. Um im voraus alle Auswahlen festzulegen, genügt es, die (abzählbar vielen) abgeschlossenen Intervalle mit rationalen Endpunkten zu numerieren, $I_0 = I$ zu setzen und
für $I_n$, $n > 0$ , das erste Glied der Folge, welches in $I_{n-1} - A_n$ enthalten ist, zu nehmen. Die zweite Aussage ist eine unmittelbare Folgerung aus der ersten. Die dritte
Aussage folgt aus der ersten durch Komplementbildung. $\square$

Ersichtlich impliziert der Satz von BAIRE den Satz von CANTOR. Dessen Beweis verläuft ähnlich, obwohl eine andere Vorschrift für die Wahl der Intervalle $I_n$ benutzt
wurde.


Satz 1.4

Eine beliebige Teilmenge einer Menge von 1.Kategorie ist von 1.Kategorie. Die Vereinigung höchstens abzählbar vieler Mengen von 1.Kategorie ist von 1.Kategorie.
Es ist klar, daß die Familie aller Mengen von 1.Kategorie diese Abgeschlossenheits-
eigenschaften hat. Jedoch ist die abgeschlossene Hülle einer Menge von 1.Kategorie
i.a. nicht von 1.Kategorie. In der Tat ist die abgeschlossene Hülle einer linearen Menge
(d.h. einer Teilmenge von $R$ ) genau dann von 1.Kategorie, wenn $A$ nirgends dicht
ist.
Eine (nichtleere) Familie von Mengen, die abgeschlossen ist gegenüber abzählbaren
Vereinigungsbildungen und die mit jeder Menge auch deren sämtliche Teilmengen enthält, wird $\sigma$-Ideal genannt. Die Familie der Mengen von 1.Kategorie und die Familie
der höchstens abzählbaren Mengen (einschließlich der leeren Menge) sind Beispiele
für $\sigma$-Ideale von Teilmengen der Zahlengeraden. Ein weiteres Beispiel liefert die Familie der Nullmengen, die wir jetzt definieren werden.
Die Länge eines beliebigen Intervalls $I$ werde mit $|I|$ bezeichnet. Eine Menge $A \subset R$
heisse Nullmenge (oder Menge vom Maß $0$ ), falls zu jedem $\varepsilon > 0$ eine Folge von In-
tervallen $I_n$ derart existiert, daß $A \subset \cup I_n$ und $\cdot \sum |I_n| < \varepsilon$ gilt.
Offensichtlich sind einelementige Mengen und Teilmengen von Nullmengen jeweils Nullmengen. Die Vereinigung höchstens abzählbar vieler Nullmengen ist wieder eine Nullmenge. Seien nämlich $A_i$, $i = 1, 2, \ldots$, Nullmengen. Dann existiert zu jedem $i$ eine
Folge von Intervallen $I_{ij}$, $j = 1, 2, \ldots$, derart, daß $A_i \subset \cup_j I_{ij}$ und $\sum_j |I_{ij}| < \varepsilon/2^i$ ,
$i = 1, 2, \ldots$, gilt. Die Familie aller Intervalle $I_{ij}$ überdeckt $A$, wobei $\sum_{i,j} |I_{ij}| < \varepsilon$
gilt. $A$ ist somit eine Nullmenge. Dies zeigt, daß die Familie aller Nullmengen ein
$\sigma$-Ideal ist, das ebenso wie die Familie der Mengen von 1.Kategorie alle höchstens
abzählbaren Mengen (einschließlich der leeren Menge) enthält.

<u>Satz 1.5</u>  (BOREL)

Überdeckt eine endliche oder unendliche Folge von Intervallen $I_n$ ein Intervall $I$ , so gilt $\sum |I_n| \geqslant |I|$ .

<u>Beweis</u>

Wir nehmen zunächst an, daß $I = [a, b]$ abgeschlossen ist und daß sämtliche Intervalle $I_n$ offen sind. Sei $(a_1, b_1)$ das erste Intervall der Folge, welches $a$ enthält. Gilt $b_1 \leqslant b$ , so bezeichne $(a_2, b_2)$ das erste Intervall, das $b_1$ enthält. Gilt allgemein $b_{n-1} \leqslant b,$ , so sei $(a_n, b_n)$ das erste Intervall, welches $b_{n-1}$ enthält. Dieser Prozess muß mit einem $b_N > b$ abbrechen; sonst würde nämlich die wachsende Folge $\{b_n\}$ gegen einen Grenzwert $x \leqslant b$ konvergieren, wobei $x$ in $I_k$ für ein gewisses $k$ läge. Folglich würden in der gegebenen Folge fast alle Intervalle $(a_n, b_n)$ vor $I_k$ stehen, nämlich alle diejenigen mit $b_{n-1} \in I_k$ . Dies ist aber unmöglich, da diese Intervalle sämtlich verschieden sind. (Es sei angemerkt, daß die obige Überlegung BORELs eigenen Beweis des "Heine-Borelschen Satzes" wiedergibt [5, S.228]). Wir haben somit $b - a < b_N - a_1 = \sum\limits_{i=2}^{N} (b_i - b_{i-1}) + b_1 - a_1 \leqslant \sum\limits_{i=1}^{N} (b_i - a_i)$ , so daß der Satz im genannten Spezialfall zutrifft.

Im allgemeinen Fall sei für ein beliebiges $\alpha > 1$ $J$ ein abgeschlossenes Teilintervall von $I$ , für welches $|J| = |I|/\alpha$ gilt. Sei $J_n$ ein $I_n$ enthaltendes offenes Intervall mit $|J_n| = \alpha |I_n|$ . $J$ wird dann von der Folge $\{J_n\}$ überdeckt. Aus dem schon Bewiesenen erhalten wir $\sum |J_n| \geqslant |J|$ , woraus sich $\alpha \sum |I_n| = \sum |J_n| \geqslant |J| = \dfrac{|I|}{\alpha}$ ergibt. Für $\alpha \to 1$ erhalten wir die gewünschte Ungleichung. []

Dieser Satz impliziert, daß kein Intervall eine Nullmenge ist. Dies liefert einen weiteren Beweis für den Satz von CANTOR.

Jede höchstens abzählbare Menge (einschließlich der leeren Menge) ist von 1.Kategorie und vom Maß 0 . Es gibt jedoch auch überabzählbare Mengen, die zu beiden Familien gehören. Das einfachste Beispiel liefert die <u>Cantorsche Menge</u> $C$ ; sie besteht aus allen denjenigen Zahlen $x$ aus dem Intervall $[0, 1]$ mit der Eigenschaft, daß $x$ eine triadische Entwicklung besitzt, in der die Ziffer 1 nicht vorkommt. Die Cantorsche Menge läßt sich dadurch konstruieren, daß man aus dem Intervall $[0, 1]$ das offene mittlere Drittel, dann aus jedem der Restintervalle $[0, 1/3]$ und $[2/3, 1]$ wieder jeweils das offene mittlere Drittel entfernt usw. Bezeichnet $F_n$ die Vereinigung der $2^n$ abgeschlossenen Intervalle der Länge $1/3^n$ , die nach dem n-ten Schritt verbleiben, so gilt $C = \cap F_n$ . $C$ ist abgeschlossen, da es Durchschnitt abgeschlossener Mengen ist. $C$ ist nirgends dicht, da $F_n$ (und damit $C$ ) kein Intervall enthält, dessen Länge größer als $1/3^n$ ist. Die Gesamtlänge der Intervalle, aus denen sich $F_n$ zusammensetzt, beträgt $(2/3)^n$ ; sie ist somit kleiner als $\varepsilon$ , wenn nur $n$ hinreichend groß gewählt wird. Somit ist $C$ eine Nullmenge. Schließlich hat jede Zahl $x$ aus $(0, 1]$ eine eindeutig bestimmte, nicht abbrechende dyadische Entwicklung $x = 0, x_1 x_2 \ldots$ Setzen wir $y_i = 2x_i$ , so sei $0, y_1 y_2 \ldots$ die triadische Entwicklung eines gewissen Punktes $y \in C$ mit $y_i \neq 1$ , $i = 1, 2, \ldots$ Die hierdurch gegebene Zu-

ordnung von  x  und  y , die dadurch fortgesetzt werde, daß  0  auf sich selbst abgebildet wird, definiert eine eineindeutige Abbildung von  [ 0 , 1 ]  auf eine (echte) Teilmenge von  C . Es folgt, daß die Menge  C  überabzählbar ist; genauer ist ihre Mächtigkeit gleich  c  (die Mächtigkeit des Kontinuums).

Die Familie der Nullmengen und die Familie der Mengen von 1.Kategorie bilden zwei
$\sigma$-Ideale, in denen die Familie der höchstens abzählbaren Mengen jeweils echt enthalten ist. Die Eigenschaften der obigen Mengen legen die Vermutung nahe, daß eine Menge,
die einer der obigen Familien angehört, in einem gewissen Sinne "klein" ist. Eine nirgends dichte Menge ist in einem intuitiven geometrischen Sinne klein insofern, als sie
"durchlöchert" ist, während sich eine Menge von 1.Kategorie durch derartige Mengen
"approximieren" läßt . Eine Menge von 1.Kategorie braucht nicht notwendig Löcher zu
besitzen, aber sie besitzt stets eine dichte Menge von "Lücken". Es existiert kein Intervall, das sich als Vereinigung von höchstens abzählbar vielen derartigen Mengen darstellen läßt. Andererseits ist eine Nullmenge im metrischen Sinn klein insofern, als sie
sich durch eine Folge von Intervallen von beliebig kleiner Gesamtlänge überdecken läßt.
Wird ein Punkt zufällig in einem Intervall derart gewählt, daß für ihn die Wahrschein-
lichkeit, in einem Teilintervall  J  zu liegen, proportional zu  $|J|$  ist, dann ist die Wahr-
scheinlichkeit dafür, daß er in einer gegebenen Nullmenge liegt, gleich  0 . Es liegt
nahe zu fragen, wie diese Arten von "Kleinheit" zusammenhängen. Ist etwa eine der beiden Familien in der anderen enthalten? Der folgende Satz zeigt, daß dies nicht zutrifft
und daß in gewissen Fällen diese beiden Begriffe einander diametral entgegengesetzt sind.


<u>Satz 1.6</u>
Die Zahlengerade läßt sich in zwei disjunkte Mengen  A  und  B  derart zerlegen, daß
A  von 1.Kategorie ist und  B  das Maß  0  besitzt.


<u>Beweis</u>
Sei  $a_1$, $a_2$, ...  eine Aufzählung der Menge der rationalen Zahlen (oder irgendeiner
dichten abzählbaren Teilmenge der Zahlengeraden). Sei  $I_{ij}$  ein offenes Intervall, dessen Mittelpunkt  $a_i$  ist und dessen Länge  $1 / 2^{i+j}$  beträgt. Wir setzen

$G_j = \bigcup\limits_{i=1}^{\infty} I_{ij}$, j = 1, 2, ..., und  $B = \bigcap\limits_{j=1}^{\infty} G_j$ . Zu gegebenem  $\varepsilon > 0$  wählen wir ein  j  der-
art, daß  $( 1 / 2^j ) < \varepsilon$  ist. Es folgt dann  $B \subset \bigcup\limits_{i} I_{ij}$  und  $\sum\limits_{i} |I_{ij}| = \sum\limits_{i} \frac{1}{2^{i+j}} = \frac{1}{2^j} < \varepsilon$ .
B  ist somit eine Nullmenge. Andererseits ist die Menge  $G_j$  eine dichte offene Teil-
menge von  R , da sie die Vereinigung einer Folge von offenen Intervallen ist und alle
rationalen Zahlen enthält. Daher ist ihr Komplement  $G'_j$  nirgends dicht, und die Menge
$A = B' = \bigcup\limits_{j} G'_j$  ist von 1.Kategorie. $[]$

<u>Corollar 1.7</u>
Jede Teilmenge der Zahlengeraden läßt sich darstellen als Vereinigung einer Nullmenge
und einer Menge von 1.Kategorie.
Natürlich ist nichts paradox an der Tatsache, daß eine in einem gewissen Sinne kleine
Menge groß in einem anderen Sinne sein kann.

# Kapitel 2
# Liouvillesche Zahlen


Die Sätze von CANTOR, BAIRE und BOREL sind Existenzsätze. Kann man zeigen, daß die Menge der Zahlen in einem Intervall, denen eine gewisse Eigenschaft nicht zukommt, abzählbar, vom Maß $0$ oder von 1.Kategorie ist, dann folgt, daß Punkte in diesem Intervall existieren, welche die fragliche Eigenschaft besitzen; in der Tat besitzen die meisten Punkte im Intervall (im Sinne von Mächtigkeit, Maß bzw. Kategorie) die Eigenschaft. Als erstes Beispiel zur Illustration dieser Methode betrachten wir die Existenz transzendenter Zahlen.

Eine komplexe Zahl $z$ heißt <u>algebraisch</u>, wenn sie einer gewissen Gleichung der Form

$$a_0 + a_1 z + a_2 z^2 + \ldots + a_n z^n = 0$$

mit ganzen Koeffizienten, die nicht sämtlich verschwinden, genügt. Der <u>Grad</u> einer algebraischen Zahl $z$ ist die kleinste positive ganze Zahl $n$ derart, daß $z$ einer Gleichung vom Grade $n$ genügt. Zum Beispiel ist eine beliebige rationale Zahl algebraisch vom Grade $1$, $\sqrt{2}$ ist algebraisch vom Grade $2$ , während $\sqrt{2} + \sqrt{3}$ algebraisch vom Grade $4$ ist. Jede reelle Zahl, die nicht algebraisch ist, heißt <u>transzendent</u>. Existieren transzendente Zahlen? Im Hinblick auf den Satz von CANTOR wird diese Frage durch den folgenden Satz beantwortet.


<u>Satz 2.1</u>
Die Menge der reellen algebraischen Zahlen ist abzählbar.


<u>Beweis</u>
Wir ordnen jedem Polynom $f(x) = \sum\limits_{i=0}^{n} a_i x^i$ die Zahl $n + \sum\limits_{i=0}^{n} |a_i|$ als sein "Gewicht" zu.
Es gibt dann nur eine endliche Anzahl von Polynomen, die ein gegebenes Gewicht haben. Wir können diese Polynome in eine gewisse Reihenfolge bringen, etwa vermöge lekikographischer Ordnung (zunächst nach der Ordnung von $n$ , dann nach derjenigen von $a_0$ usw.). Jedes nicht konstante Polynom hat ein Gewicht, das mindestens gleich $2$ ist. Ordnen wir zunächst die Polynome vom Gewicht $2$ , dann diejenigen vom Gewicht $3$ usw., so erhalten wir eine Folge $f_1, f_2, f_3, \ldots$, in der jedes Polynom vom Grade $1$ oder höher genau einmal vorkommt. Jedes Polynom hat höchstens endlich viele Nullstel-

len. Ordnen wir jetzt zunächst die reellen Nullstellen von $f_1$ , anschließend diejenigen von $f_2$ usw., wobei wir solche Nullstellen übergehen, die schon numeriert wurden, so erhalten wir eine bestimmte Aufzählung aller reellen algebraischen Zahlen. Die Folge ist unendlich, da in ihr alle rationalen Zahlen vorkommen. []

Dies ist vielleicht der einfachste Beweis für die Existenz transzendenter Zahlen. Man beachte, daß er nicht indirekt verläuft: werden alle Auswahlen im voraus festgelegt, so liefert die zum Beweis von Satz 1.1 verwendete Konstruktion eine bestimmte transzendente Zahl in [ 0 , 1 ]. Es mag mühsam sein, auch nur wenige Stellen ihrer Dezimalbruchentwicklung zu berechnen, aber im Prinzip läßt sich die genannte Zahl mit jeder gewünschten Genauigkeit bestimmen.

Ein älterer Beweis für die Existenz transzendenter Zahlen, der mehr Einsicht in deren "Struktur" gewährt, geht auf LIOUVILLE zurück. Dessen Beweis beruht auf folgendem

## Lemma 2.2

Zu jeder reellen algebraischen Zahl $z$ vom Grade $n > 1$ existiert eine positive ganze Zahl $M$ derart, daß

$$\left| z - \frac{p}{q} \right| > \frac{1}{M \cdot q^n}$$

für alle ganzen Zahlen $p$ und $q$ , $q > 0$ , gilt.

## Beweis

Sei $f(x)$ ein Polynom vom Grade $n$ mit ganzzahligen Koeffizienten, für welches $f(z) = 0$ gilt. Sei $M$ eine positive ganze Zahl derart, daß $|f'(x)| \leq M$ für alle $x$ mit $|z - x| \leq 1$ gilt. Auf Grund des Mittelwertsatzes ist

$$(1) \qquad |f(x)| = |f(z) - f(x)| \leq M \cdot |z - x|$$

für alle $x$ mit $|z - x| \leq 1$ . Man betrachte nun zwei beliebige ganze Zahlen $p$ und $q$ mit $q > 0$ . Wir wollen zeigen, daß $\left| z - \frac{p}{q} \right| > \frac{1}{M \cdot q^n}$ gilt. Dies trifft sicher zu im Fall $\left| z - \frac{p}{q} \right| > 1$ . Wir können daher annehmen, daß $\left| z - \frac{p}{q} \right| \leq 1$ gilt. Wegen (1) ist demnach $\left| f(\frac{p}{q}) \right| \leq M \cdot \left| z - \frac{p}{q} \right|$ , und wir gelangen daher zu

$$(2) \qquad \left| q^n f(\tfrac{p}{q}) \right| \leq M \cdot q^n \left| z - \frac{p}{q} \right| .$$

Die Gleichung $f(x) = 0$ hat keine rationale Nullstelle, da $z$ sonst einer Gleichung vom Grade $n' < n$ genügen würde. Weiter ist $q^n f(\frac{p}{q})$ eine ganze Zahl. Somit ist die linke Seite in (2) mindestens gleich 1 , woraus sich $\left| z - \frac{p}{q} \right| \geq \frac{1}{M \cdot q^n}$ ergibt. Gleichheit kann nicht eintreten, da $z$ irrational ist. []

8

Eine reelle Zahl  $z$  heißt <u>Liouvillesche Zahl</u>, wenn  $z$  irrational ist und zu jedem positiven ganzzahligen  $n$  ganze Zahlen  $p$  und  $q$  derart existieren, daß

$$\left| z - \frac{p}{q} \right| < \frac{1}{q^n} \, , \quad q > 1,$$

gilt. Zum Beispiel ist  $z = \sum\limits_{k=1}^{\infty} \frac{1}{10^{k!}}$  eine Liouvillesche Zahl. (Man nehme  $q = 10^{n!}$.)

<u>Satz 2.3</u>

Jede Liouvillesche Zahl ist transzendent.

<u>Beweis</u>

Wir nehmen an, daß eine gewisse Liouvillesche Zahl  $z$  algebraisch vom Grade  $n$  sei.
Es muß  $n > 1$  sein, da  $z$  irrational ist. Nach Lemma 2.2 existiert eine positive ganze
Zahl  $M$  derart, daß

$$(3) \qquad\qquad \left| z - \frac{p}{q} \right| > \frac{1}{M q^n}$$

für alle ganzen Zahlen  $p$  und  $q$  gilt mit  $q > 0$ . Wir wählen nun eine positive ganze
Zahl  $k$  derart, daß  $2^k \geq 2^n \cdot M$  gilt. Da  $z$  eine Liouvillesche Zahl ist, existieren ganze
Zahlen  $p$  und  $q$  mit  $q > 1$  derart, daß die Ungleichung

$$(4) \qquad\qquad \left| z - \frac{p}{q} \right| < \frac{1}{q^k}$$

erfüllt ist. Aus  (3)  und  (4)  ergibt sich  $\frac{1}{q^k} > \frac{1}{Mq^n}$ . Dies impliziert
$M > q^{k-n} \geq 2^{k-n} \geq M$ . Widerspruch. $\square$

Wir wollen nun die Menge  $E$  der Liouvilleschen Zahlen untersuchen. Aus der Definition
ergibt sich sofort

$$(5) \qquad\qquad E = Q' \cap \bigcap_{n=1}^{\infty} G_n \, ,$$

wenn  $Q$  die Menge der rationalen Zahlen bezeichnet und

$$G_n = \bigcup_{q=2}^{\infty} \bigcup_{p=-\infty}^{+\infty} \left( \frac{p}{q} - \frac{1}{q^n} \, , \, \frac{p}{q} + \frac{1}{q^n} \right) \, , \quad n \geq 1$$

gesetzt wurde.  $G_n$  ist somit eine Vereinigung von offenen Intervallen. Weiter enthält
$G_n$  jede Zahl der Form  $\frac{p}{q}$ ,  $q \geq 2$ , woraus sich  $G_n \supset Q$  ergibt. Folglich ist  $G_n$  eine
dichte offene Menge, so daß ihr Komplement nirgends dicht ist. Da auf Grund von  (5)

$E' = Q \cup \bigcup_{n=1}^{\infty} G'_n$ gilt, ist $E'$ von 1.Kategorie. Somit ergibt sich aus dem Satz von BAIRE, daß in jedem Intervall Liouvillesche transzendente Zahlen existieren. Sie bilden also im Sinne der Kategorie den "Normalfall".

Welches Maß hat $E$ ? Aus (5) ergibt sich, daß $E \subset G_n$ für jedes $n$ gilt. Sei

$$G_{n,q} = \bigcup_{p=-\infty}^{+\infty} \left( \frac{p}{q} - \frac{1}{q^n} , \ \frac{p}{q} + \frac{1}{q^n} \right) , \quad q = 2, 3, \ldots$$

Für beliebige positive ganze Zahlen $m$ und $n$ haben wir dann

$$E \cap (-m,m) \subset G_n \cap (-m,m) =$$

$$= \bigcup_{q=2}^{\infty} [G_{n,q} \cap (-m,m)] \subset \bigcup_{q=2}^{\infty} \bigcup_{p=-mq}^{mq} \left( \frac{p}{q} - \frac{1}{q^n} , \ \frac{p}{q} + \frac{1}{q^n} \right) .$$

Die Menge $E \cap (-m,m)$ läßt sich demnach durch eine Folge von Intervallen überdecken, deren Gesamtlänge für jedes $n > 2$ gegeben wird durch

$$\sum_{q=2}^{\infty} \sum_{p=-mq}^{mq} \frac{2}{q^n} = \sum_{q=2}^{\infty} (2mq + 1) \frac{2}{q^n} \leqslant \sum_{q=2}^{\infty} (4mq + q) \frac{1}{q^n} =$$

$$= (4m + 1) \sum_{q=2}^{\infty} \frac{1}{q^{n-1}} \leqslant (4m + 1) \int_{1}^{\infty} \frac{dx}{x^{n-1}} = \frac{4m + 1}{n - 2} .$$

Dies zeigt, daß $E \cap (-m,m)$ eine Nullmenge für jedes $m$ ist. Daher ist auch $E$ eine Nullmenge.

$E$ ist somit klein im Sinne des Maßes, jedoch groß im Sinne der Kategorie. Die Mengen $E$ und $E'$ liefern eine weitere Zerlegung der Zahlengeraden in eine Menge vom Maß 0 und eine Menge von 1.Kategorie (vgl. Satz 1.6). Überdies ist die Menge $E$ klein in einem noch strengeren Sinne, was wir jetzt zeigen werden.

Sei $s$ eine positive reelle Zahl und gelte $E \subset R$ . Man sagt, $E$ habe das s-<u>dimensionale</u> <u>Hausdorffsche</u> <u>Maß</u> 0 , falls zu jedem $\varepsilon > 0$ eine Folge von Intervallen $I_n$ derart existiert, daß

$$E \subset \bigcup_{n=1}^{\infty} I_n , \quad \sum_{n=1}^{\infty} |I_n|^s < \varepsilon \text{ und } |I_n| < \varepsilon$$

für jedes $n$ gilt. Die Familie der Mengen vom s-dimenionalen Hausdorffschen Maß 0 bildet ein $\sigma$-Ideal. Für $s = 1$ stimmt sie mit der Familie der Nullmengen überein, während sie für $0 < s < 1$ eine echte Teilfamilie der letzteren ist. Der folgende Satz bildet daher eine Verschärfung der Aussage, daß $E$ eine Nullmenge ist.

10

<u>Satz 2.4</u>

Die Menge $E$ der Liouvilleschen Zahlen hat das s-dimensionale Hausdorffsche Maß 0 bei beliebigem $s > o$ .

<u>Beweis</u>

Es genügt, zu jedem $\varepsilon > 0$ und zu jeder positiven ganzen Zahl $m$ eine Folge von Intervallen $I_n$ derart zu finden, daß

$$E \cap (-m,m) \subset \bigcup_{n=1}^{\infty} I_n \ , \ \sum_{n=1}^{\infty} |I_n|^s < \varepsilon \text{ und } |I_n| < \varepsilon$$

gilt. Für jede positive ganze Zahl $n$ haben wir

$$E \cap (-m,m) \subset \bigcup_{q=2}^{\infty} \bigcup_{p=-mq}^{+mq} \left( \frac{p}{q} - \frac{1}{q^n} \ , \ \frac{p}{q} + \frac{1}{q^n} \right) .$$

Man wähle $n$ so, daß gleichzeitig die folgenden Bedingungen erfüllt sind:

$$\frac{1}{2^{n-1}} < \varepsilon \ , \ ns > 2 \text{ sowie } \frac{(2m + 1)2^s}{ns - 2} < \varepsilon .$$

Jedes der Intervalle $\left( \frac{p}{q} - \frac{1}{q^n}, \frac{p}{q} + \frac{1}{q^n} \right)$ besitzt dann die Länge $\frac{2}{q^n} \leqslant \frac{2}{2^n} < \varepsilon$ , und wir haben

$$\sum_{q=2}^{\infty} \sum_{p=-mq}^{+mq} \left( \frac{2}{q^n} \right)^s = \sum_{q=2}^{\infty} \frac{(2mq + 1) \cdot 2^s}{q^{ns}} \leqslant (2m + 1) 2^s \sum_{q=2}^{\infty} \frac{1}{q^{ns-1}} \leqslant$$

$$\leqslant (2m + 1) 2^s \int_{1}^{\infty} \frac{dx}{x^{ns-1}} = \frac{(2m + 1)2^s}{ns - 2} < \varepsilon . \quad \square$$

# Kapitel 3

## Das Lebesguesche Maß im r-dimensionalen Raum

Unter einem <u>Intervall</u> I im r-dimensionalen euklidischen Raum $(r = 1, 2, \ldots)$, verstehen wir ein rechtwinkliges Parallelepiped, dessen Kanten parallel zu den Koordinatenachsen verlaufen. Ein Intervall läßt sich somit allgemein darstellen als kartesisches Produkt von r eindimensionalen Intervallen. Analog zum eindimensionalen Fall bezeichnen wir das r-dimensionale Volumen von I mit $|I|$. Das Lebesguesche Maß im r-dimensionalen Raum stellt eine Erweiterung des Volumenbegriffs auf eine umfassendere Klasse von Mengen dar. Das Lebesguesche Maß hängt somit ab von der Dimension des betrachteten Raumes. Da wir die Dimension meistens festhalten, können wir den Zusatz "r" in unseren Bezeichnungen weglassen.

Wir sagen, eine Folge von Intervallen $I_i$ <u>überdecke</u> die Menge A , falls ihre Vereinigung A enthält. Das Infimum der Summen $\sum |I_i|$ für alle Folgen $\{I_i\}$, die A überdecken, wird <u>äußeres</u> <u>Maß</u> von A genannt; es sei mit $m^*(A)$ bezeichnet. Somit gilt für eine beliebige Teilmenge A des r-dimensionalen Raumes

$$m^*(A) = \inf \left\{ \sum |I_i| \; : \; A \subset \bigcup I_i \right\} .$$

Gehört A zu einer gewissen Mengenfamilie, die im folgenden genauer definiert wird, so wird $m^*(A)$ Lebesguesche Maß von A genannt und mit $m(A)$ bezeichnet.

Die Kanten der Intervalle $I_i$ , die in die Definition von $m^*(A)$ eingehen, können abgeschlossen, offen oder halboffen sein; die Intervallfolgen können endlich oder unendlich sein. Es kann vorkommen, daß die Reihe $\sum |I_i|$ für jede Folge $\{I_i\}$ , die A überdeckt, divergiert; in diesem Fall setzen wir $m^*(A) = +\infty$ . In allen übrigen Fällen ist $m^*(A)$ eine nichtnegative reelle Zahl.

Die obige Definition läßt sich in verschiedener Hinsicht modifizieren, ohne den Wert von $m^*(A)$ zu ändern. Einerseits können wir zusätzlich fordern, daß die Durchmesser der Intervalle $I_i$ sämtlich unterhalb einer gewissen positiven Zahl $\delta$ liegen. Dies ist klar, da sich jedes der Intervalle in Teilintervalle, deren Durchmesser kleiner als $\delta$ ist, unterteilen läßt, ohne daß sich deren Gesamtvolumen ändert. Andererseits können wir verlangen, daß alle Intervalle offen sind. Zu jeder abzählbaren Überdeckung $\{I_i\}$ und zu jedem $\varepsilon > 0$ können wir nämlich offene Intervalle $J_i$ derart finden, daß $I_i \subset J_i$ und $\sum |J_i| \leqslant \sum |I_i| + \varepsilon$ gilt. Somit stimmt das über alle offene Überdeckungen genommene Infimum mit dem über alle abzählbaren Überdeckungen genommenen überein.

12

Wir werden nun eine Reihe von Eigenschaften des äußeren Maßes herleiten.

Satz 3.1

Aus $A \subset B$ folgt $m^*(A) \leqslant m^*(B)$ .

Dies ist klar, da jede Folge, die $B$ überdeckt, auch $A$ überdeckt.

Satz 3.2

$A = \bigcup A_i$ impliziert $m^*(A) \leqslant \sum m^*(A_i)$ .

Diese Eigenschaft des äußeren Maßes wird als <u>abzählbare Subadditivität</u> bezeichnet. Zu jedem $\varepsilon > 0$ existiert eine Folge von Intervallen $I_{ij}$, $j = 1, 2, \ldots$, die $A_i$ überdeckt derart, daß $\sum_j |I_{ij}| \leqslant m^*(A_i) + \frac{\varepsilon}{2^i}$ , $i = 1, 2, \ldots$, gilt. Somit haben wir $A \subset \bigcup_{i,j} I_{ij}$ und $\sum_{i,j} |I_{ij}| \leqslant \sum_i m^*(A_i) + \varepsilon$. Daraus folgt $m^*(A) \leqslant \sum m^*(A_i) + \varepsilon$. Für $\varepsilon \to 0$ ergibt sich die gewünschte Ungleichung.

Satz 3.3

Für jedes Intervall $I$ gilt $m^*(I) = |I|$ .

Beweis

Die Ungleichung $m^*(I) \leqslant |I|$ ist klar, da $I$ sich selbst überdeckt. Zum Beweis der entgegengesetzten Ungleichung sei $\varepsilon > 0$ eine beliebige positive Zahl; $\{I_i\}$ sei eine beliebige offene Überdeckung von $I$ derart, daß $\sum |I_i| < m^*(I) + \varepsilon$ gilt. Sei $J$ ein abgeschlossenes Teilintervall von $I$ mit $|J| > |I| - \varepsilon$ . Auf Grund des Satzes von HEINE-BOREL gilt $J \subset \bigcup_{i=1}^{k} I_i$ für ein gewisses $k$ . Sei $K_1, \ldots, K_n$ eine Aufzählung der abgeschlossenen Intervalle, in die $\bar{I}_1, \ldots, \bar{I}_k$ durch alle $(r-1)$-dimensionalen Hyperebenen, die eine $(r-1)$-dimensionale Seitenfläche eines der Intervalle $I_1, \ldots, I_k$ oder von $J$ enthalten, aufgeteilt wird; seien $J_1, \ldots, J_m$ die abgeschlossenen Intervalle, in die $J$ durch dieselben Hyperebenen aufgeteilt wird. Jedes Intervall $J_i$ ist dann mindestens einem der Intervalle $K_j$ gleich. Folglich gilt

$$|J| = \sum_{i=1}^{m} |J_i| \leqslant \sum_{j=1}^{n} |K_j| = \sum_{i=1}^{k} |I_i| < m^*(I) + \varepsilon .$$

Wir haben demnach $|I| \leqslant m^*(I) + 2\varepsilon$ , woraus sich die gewünschte Ungleichung für $\varepsilon \to 0$ ergibt. □

Die in Kap. 1 gegebene Definition verallgemeinernd, nennen wir jede Teilmenge des $r$-dimensionalen Raumes, deren äußeres Maß gleich $0$ ist, <u>Nullmenge</u> oder <u>Menge vom Maß</u> $0$ . Von einer Aussage, die für alle Punkte einer Menge $E$ mit Ausnahme der Punkte in einer gewissen Menge vom Maß $0$ gilt, sagt man, daß sie <u>fast überall</u> auf $E$ oder für <u>fast alle</u> Punkte von $E$ gelte.

Wir leiten einige Ergebnisse her, die in späteren Sätzen enthalten sind. Dementsprechend bezeichnen wir sie als Lemmata.

<u>Lemma 3.4</u>

Sind $F_1$ und $F_2$ disjunkte, beschränkte abgeschlossene Mengen, so gilt

$$m^*(F_1 \cup F_2) = m^*(F_1) + m^*(F_2) \, .$$

<u>Beweis</u>

Es existiert eine positive Zahl $\delta$ derart, daß kein Intervall mit einem Durchmesser, der kleiner als $\delta$ ist, gleichzeitig $F_1$ und $F_2$ schneidet. Zu jedem $\varepsilon > 0$ existiert eine Folge von Intervallen $I_i$ , deren Durchmesser kleiner als $\delta$ sind derart, daß $F_1 \cup F_2 \subset \cup I_i$ und $\sum |I_i| \leqslant m^*(F_1 \cup F_2) + \varepsilon$ gilt. $\sum' |I_i|$ bezeichne die Summe über jene Intervalle, die $F_1$ schneiden; entsprechend bezeichne $\sum'' |I_i|$ die Summe über die verbleibenden Intervalle (die $F_2$ überdecken). Dann ist $m^*(F_1) + m^*(F_2) \leqslant$ $\leqslant \sum' |I_i| + \sum'' |I_i| = \sum |I_i| \leqslant m^*(F_1 \cup F_2) + \varepsilon$ . Für $\varepsilon \to 0$ schließen wir hieraus, daß

$$m^*(F_1) + m^*(F_2) \leqslant m^*(F_1 \cup F_2)$$

gilt. Die entgegengesetzte Ungleichung folgt aus Satz 3.2. □

<u>Lemma 3.5</u>

Sind $F_1, \ldots, F_n$ disjunkte, beschränkte abgeschlossene Mengen, so gilt

$$m^*\left(\bigcup_{i=1}^{n} F_i \right) = \sum_{i=1}^{n} m^*(F_i) \, .$$

Dies folgt aus Lemma 3.4 durch Induktion nach $n$ .

<u>Lemma 3.6</u>

Zu jeder beschränkten offenen Menge $G$ und zu beliebigem $\varepsilon > 0$ existiert eine abgeschlossene Menge $F$ derart, daß $F \subset G$ und $m^*(F) > m^*(G) - \varepsilon$ gilt.

<u>Beweis</u>

$G$ läßt sich schreiben als Vereinigung einer Folge disjunkter Intervalle $I_i$ . Auf Grund der Definition ist $m^*(G) \leqslant \sum |I_i|$ . Man wähle $n$ so, daß $\sum_{i=1}^{n} |I_i| > m^*(G) - \frac{\varepsilon}{2}$ gilt.

Sei $J_i$ ein im Innern von $I_i$ enthaltenes abgeschlossenes Intervall, für welches $|J_i| > |I_i| - \frac{\varepsilon}{2n}$ , $i = 1, 2, \ldots, n$ , gilt. Dann ist $F = \bigcup_{i=1}^{n} J_i$ eine abgeschlossene Teil-

14

menge von $G$ , und wir haben wegen Satz 3.3 und Lemma 3.5. $m^*(F) = \sum_{i=1}^{n} |J_i| >$

$$> \sum_{i=1}^{n} |I_i| - \frac{\varepsilon}{2} > m^*(G) - \varepsilon \ . \ []$$


## Lemma 3.7

Ist $F$ eine abgeschlossene Teilmenge einer beschränkten offenen Menge $G$ , dann gilt $m^*(G-F) = m^*(G) - m^*(F)$ .


## Beweis

Auf Grund von Lemma 3.6. existiert zu jedem $\varepsilon > 0$ eine abgeschlossene Teilmenge $F_1$ der offenen Menge $G-F$ derart, daß $m^*(F_1) > m^*(G-F) - \varepsilon$ gilt. Wegen Lemma 3.4 und Satz 3.1 ist

$$m^*(F) + m^*(G-F) < m^*(F) + m^*(F_1) + \varepsilon = m^*(F \cup F_1) + \varepsilon \leqslant m^*(G) + \varepsilon \ .$$

Für $\varepsilon \to 0$ erhalten wir daraus

$$m^*(F) + m^*(G-F) \leqslant m^*(G) \ .$$

Die entgegengesetzte Ungleichung folgt auf Grund von Satz 3.2. $[]$


## Definition 3.8

Eine Menge $A$ heiße <u>meßbar</u> (im Lebesgueschen Sinne), wenn zu jedem $\varepsilon > 0$ eine abgeschlossene Menge $F$ und eine offene Menge $G$ derart existieren, daß $F \subset A \subset G$ und $m^*(G-F) < \varepsilon$ gilt.


## Lemma 3.9

Ist $A$ meßbar, so auch $A'$ .

Denn aus $F \subset A \subset G$ ergibt sich $F' \supset A' \supset G'$ und $F' - G' = G - F$ .


## Lemma 3.10

Sind $A$ und $B$ meßbar, so auch $A \cap B$ .


## Beweis

Seien $F_1$ und $F_2$ abgeschlossene Mengen und seien $G_1$ und $G_2$ offene Mengen derart, daß $F_1 \subset A \subset G_1$ , $F_2 \subset B \subset G_2$ , $m^*(G_1 - F_1) < \frac{\varepsilon}{2}$ sowie $m^*(G_2 - F_2) < \frac{\varepsilon}{2}$ gilt.

Dann ist, falls $F = F_1 \cap F_2$ und $G = G_1 \cap G_2$ gesetzt wird, $F \subset A \cap B \subset G$ und

$$G - F \subset (G_1 - F_1) \cup (G_2 - F_2) \ .$$

Es folgt $m^*(G - F) \leqslant m^*(G_1 - F_1) + m^*(G_2 - F_2) < \varepsilon \ . \ []$

## Lemma 3.11

Eine beschränkte Menge $A$ ist meßbar, falls zu jedem $\varepsilon > 0$ eine abgeschlossene Menge $F \subset A$ existiert, für die $m^*(F) > m^*(A) - \varepsilon$ gilt.

## Beweis

Zu jedem $\varepsilon > 0$ gibt es eine abgeschlossene Teilmenge $F$ von $A$ derart, daß $m^*(F) > m^*(A) - \frac{\varepsilon}{2}$ gilt. Wegen $m^*(A) < \infty$ gibt es eine $A$ überdeckende Folge von offenen Intervallen $I_i$, deren Durchmesser kleiner als $1$ sind, mit $\sum |I_i| < m^*(A) + \frac{\varepsilon}{2}$. Sei $G$ die Vereinigung derjenigen Intervalle $I_i$, die $A$ schneiden. Dann gilt $F \subset A \subset G$, $G$ ist beschränkt, und wir haben gemäß Lemma 3.7. $m^*(G - F) = m^*(G) - m^*(F) \leqslant$
$\leqslant \sum |I_i| - m^*(F) < m^*(A) + \frac{\varepsilon}{2} - m^*(F) < \varepsilon$. Folglich ist $A$ meßbar. $\square$

## Lemma 3.12

Intervalle und Nullmengen sind meßbar.

## Beweis

Die erste Hälfte des Lemmas ergibt sich sofort aus Lemma 3.11 und Satz 3.3. Ist $m^*(A) = 0$, dann existiert zu jedem $\varepsilon > 0$ eine $A$ überdeckende Folge von offenen Intervallen $I_i$ derart, daß $\sum |I_i| < \varepsilon$ gilt. Man setze $G = \bigcup_i I_i$ und $F = \emptyset$. Dann ist $F$ abgeschlossen, $G$ offen und wir haben $F \subset A \subset G$ sowie $m^*(G - F) \leqslant \sum |I_i| < \varepsilon$. $A$ ist somit meßbar. $\square$

## Lemma 3.13

Sei $\{A_i\}$ eine Folge disjunkter meßbarer Mengen, die sämtlich in einem gewissen Intervall $I$ enthalten sind. Gilt $A = \bigcup A_i$, dann ist $A$ meßbar und wir haben $m^*(A) = \sum m^*(A_i)$.

## Beweis

Zu jedem $\varepsilon > 0$ existieren abgeschlossene Mengen $F_i \subset A_i$ mit $m^*(F_i) > m^*(A_i) - \frac{\varepsilon}{2^{i+1}}$, $i = 1, 2, \dots$. Auf Grund der abzählbaren Subadditivität ist $m^*(A) \leqslant \sum_{i=1}^{\infty} m^*(A_i)$.

Wir wählen ein $k$ so, daß

$$\sum_{i=1}^{k} m^*(A_i) > m^*(A) - \frac{\varepsilon}{2}$$

gilt und setzen $F = \bigcup_{i=1}^{k} F_i$. Auf Grund von Lemma 3.5 ergibt sich dann

$$m^*(F) = \sum_{i=1}^{k} m^*(F_i) > \sum_{i=1}^{k} m^*(A_i) - \frac{\varepsilon}{2} > m^*(A) - \varepsilon.$$

Wegen Lemma 3.11 ist $A$ meßbar. Für jedes $n$ haben wir

$$\sum_{i=1}^{n} m^*(A_i) < \sum_{i=1}^{n} m^*(F_i) + \frac{\varepsilon}{2} = m^*\left(\bigcup_{i=1}^{n} F_i\right) + \frac{\varepsilon}{2} \leqslant m^*(A) + \frac{\varepsilon}{2} .$$

Die Grenzübergänge $n \to \infty$ und anschließend $\varepsilon \to 0$ führen zu $\sum_{i=1}^{\infty} m^*(A_i) \leqslant m^*(A)$ .

Die entgegengesetzte Ungleichung ist eine Folge der abzählbaren Subadditivität von $m^*$. $\Box$

Lemma 3.14

Für eine beliebige Folge disjunkter meßbarer Mengen $A_i$ ist die Menge $A = \bigcup A_i$ meßbar und es gilt $m^*(A) = \sum m^*(A_i)$ .

Beweis

Sei $\{I_j\}$ eine Folge disjunkter Intervalle, deren Vereinigung der gesamte r-dimensionale Raum ist, derart, daß jede beschränkte Menge von endlich vielen unter diesen Intervallen überdeckt wird. Die Mengen $A_{ij} = A_i \cap I_j$ sind offenbar disjunkt und auf Grund der Lemmata 3.10 und 3.12 meßbar. Wir setzen $B_j = \bigcup_i A_{ij}$. Wegen Lemma 3.13 ist $B_j$ eine meßbare Teilmenge von $I_j$ . Die Mengen $B_j$ sind disjunkt und es gilt $A = \bigcup B_j$ . Zu jedem $\varepsilon > 0$ existieren abgeschlossene Mengen $F_j$ und beschränkte offene Mengen $G_j$ derart, daß $F_j \subset B_j \subset G_j$ und $m^*(G_j - F_j) < \frac{\varepsilon}{2^j}$ gilt. Wir setzen $F = \bigcup F_j$ und $G = \bigcup G_j$ . Dann ist $F$ abgeschlossen, da jede in $F$ enthaltene konvergente Folge beschränkt und daher in der Vereinigung endlich vieler Mengen $F_j$ liegt. Ersichtlich ist $G$ offen. Wir haben $F \subset A \subset G$ und $G - F = \bigcup_j (G_j - F) \subset \bigcup_j (G_j - F_j)$, woraus sich $m^*(G - F) \leqslant \sum m^*(G_j - F_j) < \varepsilon$ ergibt. Dies erweist $A$ als meßbar. Da $A_i = \bigcup_j A_{ij}$ gilt, haben wir $m^*(A_i) \leqslant \sum_j m^*(A_{ij})$ und somit $\sum m^*(A_i) \leqslant \sum_{i,j} m^*(A_{ij}) = \sum_j \sum_i m^*(A_{ij}) = \sum_j m^*(B_j)$ auf Grund von Lemma 3.13. Weiter ist für jedes $n$ $\sum_{j=1}^{n} m^*(B_j) \leqslant \sum_{j=1}^{n} m^*(F_j) + \sum_j m^*(G_j - F_j) \leqslant m^*\left(\bigcup_{j=1}^{n} F_j\right) + \varepsilon \leqslant m^*(A) + \varepsilon$ . Durch die Grenzübergänge $n \to \infty$ und anschließend $\varepsilon \to 0$ erhalten wir die Ungleichung $\sum m^*(B_j) \leqslant m^*(A)$ . Daher ist $\sum_i m^*(A_i) \leqslant m^*(A)$. Die entgegengesetzte Ungleichung ergibt sich wieder auf Grund der abzählbaren Subadditivität von $m^*$ . $\Box$


Wir haben nun die wichtigsten Eigenschaften des äußeren Maßes hergeleitet. Um sie bequemer formulieren zu können, benötigen wir einige weitere Definitionen.

Eine nichtleere Familie $S$ von Teilmengen einer Menge $X$ heißt Ring von Teilmengen von $X$ , wenn sie mit je zwei Mengen auch jeweils deren Vereinigung und Differenz enthält. Ein Ring wird $\sigma$-Ring genannt, wenn er mit abzählbar vielen Mengen jeweils auch deren Vereinigung enthält. Ein Ring ($\sigma$-Ring) von Teilmengen von $X$ heißt Algebra (bzw. $\sigma$-Algebra) von Teilmengen von $X$ , wenn $X$ selbst Element des Ringes (bzw. $\sigma$-Ringes) ist. Offenbar ist eine nichtleere Familie von Teilmengen von $X$ eine Algebra genau dann, wenn sie abgeschlossen ist gegenüber (endlichen) Vereinigungs- (oder Durchschnitts-) und Komplementbildungen; sie ist eine $\sigma$-Algebra genau dann, wenn sie zudem abgeschlossen ist gegenüber der Bildung abzählbarer Vereinigungen (oder Durchschnitte).

Eine Mengenfunktion $\mu$, die auf einem Ring $S$ von Teilmengen von $X$ definiert ist, heißt $\sigma$-_additiv_, wenn für jede Folge disjunkter Mengen $A_i$ aus $S$, deren Vereinigung $A$ ebenfalls zu $S$ gehört, $\mu(A) = \sum \mu(A_i)$ gilt. Unter einem _Maß_ verstehen wir eine reellwertige, nichtnegative ($+\infty$ ist als Wert zugelassen), $\sigma$-additive Mengenfunktion $\mu$, die auf einem $\sigma$-Ring $S$ von Teilmengen einer Menge $X$ definiert ist derart, daß $\mu(\emptyset) = 0$ gilt. Ein Tripel $(X, S, \mu)$, worin $S$ ein $\sigma$-Ring von Teilmengen von $X$ und $\mu$ ein auf $S$ definiertes Maß sind, heiße _Maßraum_. Mengen, die zu $S$ gehören, werden $\mu$-_meßbar_ genannt. Gehört jede Teilmenge einer Menge vom $\mu$-Maß $0$ zu $S$ (d.h., bilden die Mengen vom $\mu$-Maß $0$ ein $\sigma$-Ideal), so wird der Maßraum _vollständig_ genannt.

Auf Grund der Lemmata 3.9, 3.10, 3.12 und 3.14 bildet die Familie $S$ der meßbaren Mengen eine $\sigma$-Algebra von Teilmengen des $r$-dimensionalen Raumes; $m^*$ ist dabei $\sigma$-additiv auf $S$. Die Einschränkung von $m^*$ auf $S$ ist daher ein Maß, das ($r$-dimensionales) _Lebesguesches Maß_ genannt wird; es sei im folgenden mit $m$ bezeichnet. Da $S$ alle Intervalle enthält, folgt, daß $S$ alle offenen und abgeschlossenen Mengen sowie alle $F_\sigma$-Mengen (d.h. Vereinigungen abzählbar vieler abgeschlossener Mengen) und alle $G_\delta$-Mengen (d.h. Durchschnitte abzählbar vieler offener Mengen) enthält. Weiter gilt

<u>Satz 3.15</u>

Eine Menge $A$ ist genau dann meßbar, wenn sie sich als Vereinigung einer $F_\sigma$-Menge und einer Nullmenge (oder als Differenz einer $G_\delta$-Menge und einer Nullmenge) darstellen läßt.

<u>Beweis</u>

Ist $A$ meßbar, so existieren zu jedem $n$ eine abgeschlossene Menge $F_n$ und eine offene Menge $G_n$ derart, daß $F_n \subset A \subset G_n$ und $m^*(G_n - F_n) < \frac{1}{n}$ gilt. Wir setzen $E = \bigcup F_n$ und $N = A - E$. Dann ist $E$ eine $F_\sigma$-Menge. $N$ ist eine Nullmenge, da $N \subset G_n - F_n$ und $m^*(N) < \frac{1}{n}$ für jedes $n$ gilt. $A$ ist die disjunkte Vereinigung der Mengen $E$ und $N$. Durch Komplementbildung ergibt sich, daß $A$ auch als Differenz einer $G_\delta$-Menge und einer Nullmenge darstellbar ist. Umgekehrt ist jede Menge, die sich auf eine der genannten Arten darstellen läßt, meßbar auf Grund von Lemma 3.12 und der Tatsache, daß $S$ eine $\sigma$-Algebra ist. $\square$

Zu jeder Familie $T$ von Teilmengen von $X$ existiert eine kleinste $\sigma$-Algebra von Teilmengen von $X$, die $T$ enthält, nämlich der Durchschnitt aller $\sigma$-Algebren, die $T$ enthalten. Die genannte $\sigma$-Algebra heißt die <u>von der Familie $T$ erzeugte</u> $\sigma$-<u>Algebra</u>. Die Elemente der $\sigma$-Algebra von Teilmengen des $r$-dimensionalen Raumes, die von der Familie der offenen Mengen (oder abgeschlossenen Mengen oder Intervalle) erzeugt wird, heißen <u>Borelsche Mengen</u>. Demnach ist jede Borelsche Teilmenge des r-dimensionalen Raumes meßbar. Auf Grund von Satz 3.15 erzeugen die Borelschen Mengen zusammen mit den Nullmengen die Familie der meßbaren Mengen. Zusammenfassend haben wir den

<u>Satz 3.16</u>

Die Familie $S$ der meßbaren Mengen stimmt überein mit der $\sigma$-Algebra von Teilmengen des r-dimensionalen Raumes $X$ , die von den offenen Mengen und den Nullmengen erzeugt wird. Das Lebesguesche Maß $m$ ist ein Maß auf $S$ derart, daß $m(I) = |I|$ für jedes Intervall $I$ gilt. $(X, S, m)$ ist ein vollständiger Maßraum.

Der folgende Satz stellt die Eigenschaft der abzählbaren Additivität in einer Form dar, die für die Anwendungen oft bequemer ist.

<u>Satz 3.17</u>

Sind die Mengen $A_i$ meßbar und gilt $A_i \subset A_{i+1}$ für jedes $i$ , so ist die Menge $A = \bigcup A_i$ meßbar und es folgt $m(A) = \lim m(A_i)$. Sind die Mengen $A_i$ meßbar und gilt $A_i \supset A_{i+1}$ für jedes $i$ , dann ist die Menge $A = \bigcap A_i$ meßbar und es folgt $m(A) = \lim m(A_i)$, falls $m(A_i) < \infty$ für ein gewisses $i$ zutrifft.

<u>Beweis</u>

Im ersten Fall setzen wir $B_1 = A_1$ und $B_i = A_i - A_{i-1}$ für alle $i > 1$ . $\{B_i\}$ ist dann eine Folge disjunkter meßbarer Mengen mit $A = \bigcup B_i$. Wir haben daher $m(A) = \sum m(B_i) =$

$$= \lim \sum_{i=1}^{n} m(B_i) = \lim m(A_n) \text{ , wobei der Grenzwert gleich } + \infty \text{ sein kann.}$$

Im zweiten Fall können wir $m(A_1) < \infty$ annehmen. Wir setzen $B_i = A_1 - A_i$ und $B = A_1 - A$ . Es gilt dann $B_i \subset B_{i+1}$ und $\bigcup B_i = B$ . Wir haben daher $m(A_1) - m(A) =$ $= m(B) = \lim m(B_i) = \lim (m(A_1) - m(A_i)) = m(A_1) - \lim m(A_i)$ , woraus sich $m(A) = \lim m(A_i)$ ergibt, da alle auftretenden Glieder endlich sind. $\square$

Der folgende Satz zeigt, wie die Funktion $m^*$ durch die Werte, die sie auf den abgeschlossenen und offenen Mengen annimmt, bestimmt ist.

<u>Satz 3.18</u>

Das äußere Maß einer beliebigen Menge $A$ wird gegeben vermöge

$$m^*(A) = \inf \{ m(G) : A \subset G , G \text{ offen} \} .$$

Ist $A$ meßbar, dann gilt

$$m^*(A) = \sup \{ m(F) : A \supset F , F \text{ beschränkt und abgeschlossen} \} .$$

Umgekehrt ist $A$ meßbar, wenn diese Gleichung erfüllt und $m^*(A) < \infty$ ist.

<u>Beweis</u>

Die erste Behauptung ist klar, weil die Vereinigung irgendeiner  A  überdeckenden Folge von offenen Mengen eine offene Obermenge von  A  ist. Zum Beweis der zweiten Behauptung betrachten wir eine beliebige reelle Zahl  $\alpha < m(A)$  und setzen $A_i = A \cap (-i, i)$. Auf Grund von Satz 3.17 ist  $m(A) = \lim m(A_i)$ , so daß sich ein  i  finden läßt, für welches  $m(A_i) > \alpha$  gilt. Da  $A_i$  beschränkt und meßbar ist, enthält es eine abgeschlossene Menge  F  mit  $m(F) > \alpha$ ;  F  ist dabei zugleich Teilmenge von  A . Ist umgekehrt  $m^*(A) < \infty$  und ist  F  eine abgeschlossene Teilmenge von  A  mit  $m(F) >$ $> m^*(A) - \frac{\varepsilon}{2}$ , so sei  G  eine offene Obermenge von  A  derart, daß  $m(G) < m^*(A) + \frac{\varepsilon}{2}$ gilt. Dann haben wir  $F \subset A \subset G$  und  $m(G - F) < \varepsilon$ , so daß  A  meßbar ist. $[]$


Es sei angemerkt, daß die Lemmata 3.4 bis 3.14 implizit in den Sätzen 3.16 und 3.18 enthalten sind.

Der folgende Satz besagt, daß das Lebesguesche Maß invariant gegenüber Translationen ist.


<u>Satz 3.19</u>

Geht  A  durch eine Translation aus einer meßbaren Menge  B  hervor, so ist auch  A  meßbar und es gilt  $m(A) = m(B)$ .

Dies ist klar auf Grund der Definitionen und der Tatsache, daß kongruente Intervalle gleiches Volumen besitzen. Meßbarkeit und Maß einer Menge sind auch invariant gegenüber Rotationen und Reflexionen des r-dimensionalen Raumes; wir wollen dies hier jedoch nicht beweisen.

Die Definition der Meßbarkeit und die Tatsache, daß sich jede offene Menge als höchstens abzählbare Vereinigung disjunkter Intervalle darstellen läßt, implizieren, daß sich jede Menge von endlichem Maß aus einer gewissen endlichen Vereinigung disjunkter Intervalle durch Hinzufügung und Wegnahme zweier Mengen von beliebig kleinem Maß erhalten läßt. Eine Menge von endlichem Maß ist also gewissermaßen angenähert gleich einer endlichen Vereinigung disjunkter Intervalle. Viel tiefer liegt die Tatsache, daß eine meßbare Menge lokal eine Art von Alles-oder-nichts-Struktur besitzt: in fast allen Punkten ist sie entweder hoch konzentriert oder sehr stark verdünnt. Dieser Gedanke wird präzisiert durch einen von LEBESGUE stammenden Satz, mit dem wir dieses Kapitel beschließen. Wir werden lediglich den eindimensionalen Fall betrachten.

Man sagt, eine meßbare Menge  $E \subset R$  habe die <u>Dichte</u>  d  <u>im Punkt</u>  x , fall der Grenzwert

$$\lim_{h \to 0} \frac{m(E \cap [x - h , x + h])}{2h}$$

existiert und gleich  d  ist. Wir bezeichnen die Menge der Punkte von  R , in denen  E  die Dichte  1  hat, mit  $\varphi(E)$ .  E  hat dann die Dichte 0 in jedem der Punkte aus der Menge  $\varphi(R - E)$ .  $\varphi$  wird als Lebesguesche <u>untere Dichte</u> bezeichnet. Der Satz von LEBESGUE besagt, daß  $\varphi(E)$  meßbar ist und sich von  E  durch eine Nullmenge unterscheidet. Dies impliziert, daß $E$ die Dichte 1 in fast allen Punkten von $E$ und die Dichte 0 in fast allen Punkten von $R - E$ besitzt. Somit ist es z.B. unmöglich, daß eine Menge $A$ existiert derart, daß sowohl $A$ als auch $A'$ die Hälfte des äußeren Maßes jedes Intervalls tragen. (Eine derartige Menge wäre nämlich meßbar und hätte in jedem Punkt die Dichte $1/2$).

Die _symmetrische_ _Differenz_ zweier Mengen $A$ und $B$ ist die Menge der Punkte, die genau einer der beiden Mengen angehören; sie werde mit $A \triangle B$ bezeichnet. Es gilt somit $A \triangle B = (A - B) \cup (B - A)$ .

<u>Satz 3.20</u> (<u>Dichtesatz von</u> LEBESGUE)
Für jede meßbare Menge $E \subset R$ gilt $m(E \triangle \varphi(E)) = 0$ .

<u>Beweis</u>
Es genügt zu zeigen, daß $E - \varphi(E)$ eine Nullmenge ist, da $\varphi(E) - E \subset E' - \varphi(E')$ gilt und $E'$ meßbar ist. Wir dürfen annehmen, daß $E$ beschränkt ist. Weiter ist

$$E - \varphi(E) = \bigcup_{\varepsilon > 0} A_\varepsilon \text{ , falls}$$

$$A_\varepsilon = \left\{ x \in E : \liminf_{h \to 0} \frac{m(E \cap [x - h , x + h])}{2h} < 1 - \varepsilon \right\}$$

gesetzt wird. Es genügt daher zu zeigen, daß $A_\varepsilon$ Nullmenge für jedes $\varepsilon > 0$ ist. Setzen wir $A = A_\varepsilon$ , so werden wir aus der Annahme, daß $m^*(A) > 0$ gilt, einen Widerspruch herleiten.

Ist $m^*(A) > 0$ , so existiert eine beschränkte offene Menge $G$ , die $A$ enthält derart, daß $m(G) < m^*(A) / (1 - \varepsilon)$ gilt. $\mathscr{S}$ bezeichne die Familie aller abgeschlossenen Intervalle $I$ , für welche $I \subset G$ und $m(E \cap I) \leq (1 - \varepsilon)|I|$ gilt. Man beachte nun, daß $\mathscr{S}$ folgende Eigenschaften besitzt:

(i) $\mathscr{S}$ enthält beliebig kurze Intervalle um jeden Punkt von $A$;

(ii) Für jede Folge $\{I_n\}$ von disjunkten Mengen aus $\mathscr{S}$ gilt $m^*(A - \bigcup I_n) > 0$ .
Die Eigenschaft (ii) ergibt sich auf Grund der Ungleichungen

$$m^*(A \cap \bigcup I_n) \leq \sum m(E \cap I_n) \leq (1 - \varepsilon) \sum |I_n| \leq (1 - \varepsilon) m(G) < m^*(A) .$$

Wir konstruieren nun durch Induktion eine disjunkte Folge $\{I_n\}$ von Mengen aus $\mathscr{S}$ wie folgt. $I_1$ sei beliebig aus $\mathscr{S}$ gewählt. Sind bereits $I_1, \ldots, I_n$ konstruiert, so bezeichnen wir mit $\mathscr{S}_n$ die Familie derjenigen Mengen aus $\mathscr{S}$ , die keine der Mengen $I_1, \ldots, I_n$ schneiden. Die Eigenschaften (i) und (ii) implizieren, daß $\mathscr{S}_n$ nichtleer ist. Sei $d_n$ das Supremum der Längen der Elemente aus $\mathscr{S}_n$ . Wir wählen ein $I_{n+1} \in \mathscr{S}_n$ so, daß $|I_{n+1}| > \dfrac{d_n}{2}$ gilt. Setzen wir $B = A - \bigcup_{n=1}^{\infty} I_n$ , so haben wir wegen (ii) $m^*(B) > 0$ . Es existiert daher eine positive Zahl $N$ derart, daß

$$(1) \qquad \sum_{n=N+1}^{\infty} |I_n| < \frac{m^*(B)}{3}$$

gilt. Für jedes $n > N$ bezeichne $J_n$ das zu $I_n$ konzentrische Intervall der Länge $|J_n| = 3 |I_n|$. Aus der Ungleichung (1) ergibt sich, daß die Folge der Intervalle $J_n (n > N)$ $B$ nicht überdeckt. Folglich existiert ein Punkt $x \in B - \bigcup_{n=N+1}^{\infty} J_n$. Da $x \in A - \bigcup_{n=1}^{N} I_n$ ist, schließen wir aus (i), daß es ein Intervall $I \in \mathfrak{d}_N$ gibt, dessen Mittelpunkt $x$ ist. $I$ muß ein gewisses Intervall $I_n$ mit $n > N$ schneiden. (Sonst hätten wir $|I| \leqslant d_n < 2|I_{n+1}|$ für alle $n$, was $\sum_{n=1}^{\infty} |I_n| \leqslant m(G) < \infty$ widersprechen würde.) Sei $k$ die kleinste ganze Zahl derart, daß $I \cap I_k \neq \emptyset$ ist. Es gilt dann $k > N$ und $|I| \leqslant d_{k-1} < 2|I_k|$. Dies hat zur Folge, daß der Mittelpunkt $x$ von $I$ zu $J_k$ gehört, was $x \notin \bigcup_{n=N+1}^{\infty} J_n$ widerspricht. $\square$

Wir schreiben $A \sim B$, wenn $m(A \triangle B) = 0$ gilt. Hierdurch wird eine Äquivalenzrelation in der Familie $S$ der meßbaren Mengen definiert. Der folgende Satz besagt, daß Abbildung $\varphi : S \to S$ als Funktion betrachtet werden kann, die aus jeder Äquivalenzklasse ein Element auswählt. Die Auswahl geschieht dabei in der Weise, daß die Familie der ausgewählten Mengen die leere Menge und den gesamten Raum enthält sowie abgeschlossen gegenüber der Bildung endlicher Durchschnitte ist.

<u>Satz 3.21</u>
Für jede meßbare Menge $A$ bezeichne $\varphi(A)$ die Menge der Punkte aus $R$, in denen $A$ die Dichte 1 besitzt. Dann hat $\varphi$ folgende Eigenschaften (wobei $A \sim B$ bedeute, daß $A \triangle B$ eine Nullmenge ist):

1) $\varphi(A) \sim A$ ,
2) $A \sim B$ impliziert $\varphi(A) = \varphi(B)$ ,
3) $\varphi(\emptyset) = \emptyset$ ,  $\varphi(R) = R$ ,
4) $\varphi(A \cap B) = \varphi(A) \cap \varphi(B)$ ,
5) $A \subset B$ impliziert $\varphi(A) \subset \varphi(B)$ .

<u>Beweis</u>
Die erste Aussage ist gerade der Dichtesatz von LEBESGUE. Die zweite und dritte Aussage sind unmittelbare Konsequenzen aus der Definition von $\varphi$. Um 4) zu beweisen, beachten wir, daß wir $I - (A \cap B) = (I - A) \cup (I - B)$ für jedes Intervall $I$ haben. Daher ergibt sich

$$m(I) - m(I \cap A \cap B) \leqslant m(I) - m(I \cap A) + m(I) - m(I \cap B) .$$

Dies impliziert

$$\frac{m(I \cap A)}{|I|} + \frac{m(I \cap B)}{|I|} - 1 \leqslant \frac{m(I \cap A \cap B)}{|I|} .$$

Setzen wir $I = [x - h, x + h]$, so erhalten wir für $h \to 0$ $\varphi(A) \cap \varphi(B) \subset \varphi(A \cap B)$. Die entgegengesetzte Ungleichung ist klar. 5) folgt aus 4). $\square$

# Kapitel 4
# Die Bairesche Eigenschaft


Die vermöge

$$A \vartriangle B = (A \cup B) - (A \cap B) = (A - B) \cup (B - A)$$

definierte symmetrische Differenz ist kommutativ, assoziativ und genügt dem distributiven Gesetz $A \cap (B \vartriangle C) = (A \cap B) \vartriangle (A \cap C)$ . Ersichtlich ist $A \vartriangle B \subset A \cup B$ und $A \vartriangle A = \emptyset$ . Man zeigt leicht, daß eine gegenüber den Operationen $\vartriangle$ und $\cap$ abgeschlossene Familie von Mengen einen kommutativen Ring (im algebraischen Sinne) bildet, wenn die genannten Operationen Addition bzw. Multiplikation definieren. Eine derartige Familie ist auch gegenüber der Bildung endlicher Vereinigungen und Differenzen abgeschlossen. Sie bildet daher einen Ring von Teilmengen (im Sinne von Kap. 3) der Vereinigung der in ihr enthaltenen Mengen.

Man sagt, eine Teilmenge $A$ des r-dimensionalen Raumes (oder eines beliebigen topologischen Raumes) besitze die <u>Bairesche Eigenschaft</u>, wenn sie sich in der Form $A = G \vartriangle P$ darstellen läßt, worin $G$ offen und $P$ von 1.Kategorie sind.


<u>Satz 4.1</u>

Eine Menge $A$ besitzt die Bairesche Eigenschaft genau dann, wenn sie sich in der Form $A = F \vartriangle Q$ darstellen läßt, worin $F$ abgeschlossen und $Q$ von 1.Kategorie sind.


<u>Beweis</u>

Ist $A = G \vartriangle P, G$ offen und $P$ von 1.Kategorie, so stellt $N = \bar{G} - G$ eine nirgends dichte abgeschlossene Menge dar, und $Q = N \vartriangle P$ ist von 1.Kategorie. Sei $F = \bar{G}$ . Dann gilt $A = G \vartriangle P = (\bar{G} \vartriangle N) \vartriangle P = \bar{G} \vartriangle (N \vartriangle P) = F \vartriangle Q$ . Ist umgekehrt $A = F \vartriangle Q$ , wobei $F$ abgeschlossen und $Q$ von 1.Kategorie sind, so bezeichne $G$ das Innere von $F$ . Dann ist $N = F - G$ nirgends dicht, $P = N \vartriangle Q$ ist von 1.Kategorie, und es gilt

$$A = F \vartriangle Q = (G \vartriangle N) \vartriangle Q = G \vartriangle (N \vartriangle Q) = G \vartriangle P \, . \ \ \square$$


<u>Satz 4.2</u>

Hat $A$ die Bairesche Eigenschaft, so auch das Komplement von $A$ .

<u>Beweis</u>

Für zwei beliebige Mengen $A$ und $B$ gilt $(A \vartriangle B)' = A' \vartriangle B$. Ist also $A = G \vartriangle P$, so folgt $A' = G' \vartriangle P$, so daß sich die Aussage des Satzes mit Hilfe von Satz 4.1 ergibt. $\square$


<u>Satz 4.3</u>

Die Familie der Mengen, welche die Bairesche Eigenschaft besitzen, bildet eine $\sigma$-Algebra, die übereinstimmt mit der von den offenen Mengen und den Mengen von 1.Kategorie erzeugten $\sigma$-Algebra.


<u>Beweis</u>

Sei $A_i = G_i \vartriangle P_i$ , $i = 1, 2, \ldots$, irgendeine Folge von Mengen, welche die Bairesche Eigenschaft besitzen. Wir setzen $G = \bigcup G_i$, $P = \bigcup P_i$ und $A = \bigcup A_i$. Dann ist $G$ offen, $P$ von 1.Kategorie, und wir haben $G - P \subseteq A \subseteq G \cup P$. Somit ist $G \vartriangle A \subseteq P$ von 1.Kategorie und $A = G \vartriangle (G \vartriangle A)$ hat die Bairesche Eigenschaft. Dies zeigt zusammen mit Satz 4.2, daß die in Frage stehende Familie eine $\sigma$-Algebra bildet. Sie ist offensichtlich zugleich die kleinste $\sigma$-Algebra, die alle offenen Mengen und alle Mengen von 1.Kategorie enthält. $\square$


<u>Satz 4.4</u>

Einer Menge kommt die Bairesche Eigenschaft genau dann zu, wenn sie sich als Vereinigung einer $G_\delta$-Menge und einer Menge von 1.Kategorie (oder als Differenz einer $F_\sigma$-Menge und einer Menge von 1.Kategorie) darstellen läßt.


<u>Beweis</u>

Da die abgeschlossene Hülle einer nirgends dichten Menge nirgends dicht ist, ist eine Menge von 1.Kategorie enthalten in einer $F_\sigma$-Menge von 1.Kategorie. Sind $G$ offen und $P$ von 1.Kategorie, so sei $Q$ eine $F_\sigma$-Menge von 1.Kategorie, die $P$ enthält. $E = G - Q$ ist dann eine $G_\delta$-Menge, und wir haben

$$G \vartriangle P = [(G - Q) \vartriangle (G \cap Q)] \vartriangle (P \cap Q) = E \vartriangle [(G \vartriangle P) \cap Q].$$

Die Menge $(G \vartriangle P) \cap Q$ ist von 1.Kategorie und fremd zu $E$. Jede Menge, die die Bairesche Eigenschaft besitzt, läßt sich daher schreiben als disjunkte Vereinigung einer $G_\delta$-Menge und einer Menge von 1.Kategorie. Umgekehrt gehört eine Menge, die sich in der genannten Weise darstellen läßt, zu der von den offenen Mengen und den Mengen von 1.Kategorie erzeugten $\sigma$-Algebra; sie besitzt also die Bairesche Eigenschaft. Die eingeklammerte Aussage ergibt sich durch Komplementbildung mit Hilfe von Satz 4.2. $\square$


Unter einer <u>regulär</u> <u>offenen</u> Menge verstehen wir eine Menge, die mit dem Innern ihrer abgeschlossenen Hülle übereinstimmt. Jede Menge von der Form $A^{-'-'}$ ist regulär offen.

### Satz 4.5

Jede offene Menge $H$ ist von der Form $H = G - \overline{N}$ , wobei $G$ regulär offen und $N$ nirgends dicht sind.

### Beweis

Sei $G = H^{-'-'}$ und $N = G - H$ . Dann sind $G$ regulär offen, $N$ nirgends dicht, und es gilt $H = G - N$ . Wir haben $\overline{N} \subset \overline{G} - H$ . Daher ergibt sich $G - \overline{N} \supset G - (\overline{G} - H) =$
$= G \cap H = H$ . Weiter ist $H = G - N \supset G - \overline{N}$ . Dies liefert $H = G - \overline{N}$ . $\Box$

### Satz 4.6

Jede Menge, welche die Bairesche Eigenschaft besitzt, läßt sich in der Form $A = G \triangle P$ darstellen, wobei $G$ regulär offen und $P$ von 1.Kategorie sind. Diese Darstellung ist eindeutig in solchen Räumen, in denen jede nichtleere offene Menge von 2.Kategorie ist. (Jede Menge, die nicht von 1. Kategorie ist, heißt von 2. Kategorie).

### Beweis

Die Existenz einer derartigen Darstellung ergibt sich aus Satz 4.5; in jeder Darstellung können wir stets die offene Menge ersetzen durch das Innere ihrer abgeschlossenen Hülle. Zum Beweis der Eindeutigkeit nehmen wir an, daß $G \triangle P = H \triangle Q$ gilt, wobei $G$ regulär offen, $H$ offen und $P$ sowie $Q$ von 1.Kategorie sind. Dann ist $H - \overline{G} \subset H \triangle G = P \triangle Q$, woraus folgt, daß $H - \overline{G}$ eine offene Menge von 1.Kategorie, also leer ist. Wir haben somit $H \subset \overline{G}$ und deshalb $H \subset G^{-'-'} = G$ . In der regulär offenen Darstellung ist die offene Menge $G$ demnach maximal. Sind $G$ und $H$ beide regulär offen, so enthält jede dieser Mengen die andere. Es muß somit $G = H$ und $P = Q$ gelten. $\Box$

### Satz 4.7

Der Durchschnitt zweier regulär offener Mengen ist regulär offen.

### Beweis

Sei $G = G^{-'-'}$ und $H = H^{-'-'}$. Da $G \cap H$ offen ist, folgt

$$G \cap H \subset (G \cap H)^{-'-'} \subset G^{-'-'} = G .$$

Ähnlich ergibt sich

$$G \cap H \subset (G \cap H)^{-'-'} \subset H^{-'-'} = H .$$

Dies liefert

$$G \cap H = (G \cap H)^{-'-'} . \ \Box$$

Sämtliche obigen Definitionen und Sätze lassen sich auf Räume beliebiger Dimension übertragen (in der Tat gelten die Beweise für beliebige topologische Räume). Der Vergleich der Sätze 4.3 und 3.16 legt die Vermutung nahe, daß die Familie der Mengen, welche die Bairesche Eigenschaft besitzen, analog ist zur Familie der meßbaren Mengen, wobei die Mengen von 1.Kategorie an die Stelle der Nullmengen treten. Man beachte jedoch, daß in den Sätzen 4.4 und 3.15 die Rollen der $F_\sigma$-Mengen und der $G_\delta$-Mengen vertauscht sind. Weiter gibt es zu Satz 4.1 kein Analogon für meßbare Mengen; das Beste, was sich sagen läßt, ist, daß sich eine meßbare Menge von einer gewissen offenen (oder abgeschlossenen) Menge durch eine Menge von beliebig kleinem Maß unterscheidet. Beide Familien enthalten jedoch die Borelschen Mengen; jede ist invariant gegenüber Translationen. Verfolgen wir die Analogie einen Schritt weiter, so gelangen wir zu folgendem Satz, worin $x + A$ die um $x$ translatierte Menge $A$ bezeichne. Der Einfachheit halber beschränken wir uns auf den eindimensionalen Fall.


<u>Satz 4.8</u>

Sei $A$ eine lineare Menge. Gilt

(i) $A$ ist von 2.Kategorie und besitzt die Bairesche Eigenschaft;

oder

(ii) $A$ ist meßbar mit $m(A) > 0$ ,

so existiert jeweils eine positive Zahl $\delta$ derart, daß für jedes $x$ mit $|x| < \delta$ $(x + A) \cap A \neq \emptyset$ gilt.


<u>Beweis</u>

Im ersten Fall sei $A = G \,\triangle\, P$. Da $G$ nichtleer ist, enthält es ein Intervall $I$. Für jedes $x$ haben wir $(x + A) \cap A \supset [(x + I) \cap I] - [P \cup (x + P)]$ . Ist $|x| < |I|$ , so stellt die auf der rechten Seite stehende Menge ein Intervall, vermindert um eine Menge von 1.Kategorie dar; sie ist also nichtleer. Wir können daher $\delta = |I|$ nehmen.

Im zweiten Fall sei $F$ eine beschränkte abgeschlossene Teilmenge von $A$ mit $m(F) > 0$ (Satz 3.18). Man wähle eine beschränkte, offene Obermenge $G$ von $F$ mit $m(G) < \frac{4}{3} m(F)$ . $G$ läßt sich als höchstens abzählbare Vereinigung disjunkter offener Intervalle darstellen. Für mindestens eines von ihnen, etwa für $I$ , muß $m(F \cap I) > \frac{3}{4} m(I)$ sein. Wir wählen $\delta = \frac{1}{2} m(I)$. Gilt $|x| < \delta$, so ist $(x + I) \cup I$ ein Intervall, dessen Länge kleiner als $\frac{3}{2} m(I)$ ist; es enthält sowohl $F \cap I$ als auch $x + (F \cap I)$. Diese Mengen können nicht disjunkt sein wegen $m(x + (F \cap I)) = m(F \cap I) > \frac{3}{4} m(I)$. Da $(x + A) \cap A \supset [x + (F \cap I)] \cap [F \cap I]$ gilt, folgt, daß die links stehende Menge nichtleer ist. $\Box$

# Kapitel 5

# Nicht-meßbare Mengen

Bisher wurde nichts darüber ausgesagt, ob die Familie der meßbaren Mengen oder die Familie der Mengen mit der Baireschen Eigenschaft nicht alle Teilmengen der Zahlengeraden enthalten. Wir wissen, daß eine beliebige Menge, die mit Hilfe höchstens abzählbar vieler Vereinigungs-, Durchschnitts- oder Komplementbildungen aus einer gegebenen Familie von abgeschlossenen oder offenen Mengen oder Mengen vom Maß 0 gewonnen wurde, meßbar ist. Es läßt sich auch zeigen, daß jede analytische Menge meßbar ist. (Unter einer analytischen Menge versteht man das stetige Bild einer Borelschen Menge.) Nach einem Resultat von GÖDEL [18, S.388] ist die Hypothese, daß eine nichtmeßbare Menge existiert, die sich als stetiges Bild des Komplements einer gewissen analytischen Menge darstellen läßt, verträglich mit den Axiomen der Mengenlehre, vorausgesetzt, daß letztere untereinander widerspruchsfrei sind. Es ist kein konkretes Beispiel einer nicht-meßbaren Menge bekannt, die eine derartige Darstellung zuläßt (vgl. jedoch [40, S.17]). Dennoch ist es unter Benutzung des Auswahlaxioms leicht zu zeigen, daß nichtmeßbare Mengen existieren. Wir werden mehrere derartige Konstruktionen betrachten. Die älteste und einfachste Konstruktion stammt von VITALI (1905) [18, S.59]. Bezeichne $Q$ die Menge der rationalen Zahlen, betrachtet als Untergruppe der additiven Gruppe der reellen Zahlen. Die Nebenklassen von $Q$ bilden eine Zerlegung der Zahlengeraden in eine überabzählbare Familie disjunkter Mengen, von denen jede kongruent (unter einer Translation) zu $Q$ ist. Aus dem Auswahlaxiom folgt, daß eine Menge $V$ existiert, die mit jeder der Nebenklassen von $Q$ genau ein Element gemeinsam hat. Wir werden eine derartige Menge als Vitalische Menge bezeichnen. Die abzählbare Familie von Mengen der Form $r + V$ , $r \in Q$ , liefert eine Überdeckung der Zahlengeraden. Auf Grund von Satz 3.19 kann $V$ nicht eine Nullmenge sein. Ist $V$ meßbar, so existiert nach Satz 4.8 eine Zahl $\delta > 0$ derart, daß $(x + V) \cap V \neq \emptyset$ gilt, falls nur $|x| < \delta$ ist. Ist $x$ rational und von $0$ verschieden, so gelangen wir zu $(x + V) \cap V = \emptyset$ , ein Widerspruch. $V$ kann also nicht meßbar sein.

Eine ganz analog verlaufende Überlegung zeigt, daß keine Vitalische Menge die Bairesche Eigenschaft besitzt. $V$ kann nicht von 1.Kategorie sein, da die Mengen $r + V$ , $r \in Q$ , die Zahlengerade überdecken. Wie oben zeigt dann die Anwendung von Satz 4.8, daß $V$ nicht die Bairesche Eigenschaft besitzen kann.

Sei $V = A \cup B$ eine Zerlegung einer Vitalischen Menge $V$ in eine Menge $A$ von 1.Kategorie und eine Menge $B$ vom Maß 0 (Corollar 1.7). Dann ist die Menge $A$ nicht-meßbar, aber sie besitzt die Bairesche Eigenschaft; B hingegen ist meßbar, besitzt jedoch nicht die Bairesche Eigenschaft. Somit ist keine der beiden Familien in der anderen enthalten.

Eine ganz andere Konstruktion, die zu einer nicht-meßbaren Menge führt, stammt von F.BERNSTEIN (1908) [18. S.422]. Sie beruht auf der Möglichkeit, eine Menge der Mächtigkeit $c$ wohlzuordnen. Wir benötigen zunächst

## Lemma 5.1

Jede überabzählbare $G_\delta$-Teilmenge von R enthält eine nirgends dichte abgeschlossene Menge C vom Maß 0 , die sich stetig auf $[0, 1]$ abbilden läßt.

## Beweis

Sei $E = \cap\, G_n$ , $G_n$ offen, $n \geqslant 1$ , eine überabzählbare $G_\delta$-Menge. Bezeichne F die Menge aller zu E gehörigen Kondensationspunkte von E , d.h. die Menge aller Punkte $x \in E$ mit der Eigenschaft, daß jede Umgebung von x überabzählbar viele Punkte von E enthält. F ist nichtleer, da sonst die Familie der Intervalle mit rationalen Endpunkten, die nur höchstens abzählbar viele Punkte von E enthalten, E überdecken würde und E folglich höchstens abzählbar wäre. Eine ähnliche Überlegung zeigt, daß F keine isolierten Punkte besitzt. Seien $I(0)$ und $I(1)$ zwei disjunkte abgeschlossene Intervalle derart, daß ihre Längen höchstens gleich $1/3$ sind, ihr Inneres jeweils F schneidet und $I(0) \cup I(1) \subset G_1$ gilt. Die weiteren Intervalle werden nun induktiv definiert. Sind $2^n$ disjunkte, abgeschlossene Intervalle $I(i_1, \ldots, i_n)$, $i_k = 0$ oder 1 , deren Inneres jeweils F schneidet und deren Vereinigung in $G_n$ enthalten ist, bereits definiert, so seien $I(i_1, \ldots, i_{n+1})$ , $i_{n+1} = 0$ oder 1 , disjunkte abgeschlossene, in $G_{n+1} \cap I(i_1, \ldots, i_n)$ enthaltene Intervalle, deren Längen höchstens gleich $1/3^{n+1}$ sind und deren Inneres jeweils F schneidet. Auf Grund der Tatsache, daß F keine isolierten Punkte besitzt und $E \subset G_{n+1}$ gilt, ist es klar, daß solche Intervalle existieren. Somit läßt sich eine Familie von Intervallen $I(i_1, \ldots, i_n)$ mit den genannten Eigenschaften definieren. Wir setzen

$$C = \bigcap_n \bigcup_{i_1, \ldots, i_n} I(i_1, \ldots, i_n) .$$

C ist dann eine abgeschlossene nirgends dichte Teilmenge von E. C hat aus denselben Gründen wie die Cantorsche Menge das Maß 0. (C ist sogar homöomorph zur Cantorschen Menge.) Zu jedem $x \in C$ gibt es eine eindeutig bestimmte Folge $\{i_n\}$ , $i_n = 0$ oder 1 , derart, daß $x \in I(i_1, \ldots, i_n)$ , $n \geqslant 1$ , gilt; umgekehrt entspricht jeder derartigen Folge ein Punkt aus C . Bezeichnet $f(x)$ diejenige reelle Zahl, deren dyadische Entwicklung gleich $0, i_1 i_2 i_3 \ldots$ ist, so bildet f C auf $[0, 1]$ ab. C hat die Mächtigkeit $c$ . Weiter ist f stetig, da $|f(x) - f(x')| \leqslant 1/2^n$ gilt, wenn x und x' beide zu $C \cap I(i_1, \ldots, i_n)$ gehören. $\Box$

**Lemma 5.2**

Die Familie der überabzählbaren abgeschlossenen Teilmengen von $R$ hat die Mächtigkeit $c$ .

**Beweis**

Die Familie der offenen Intervalle mit rationalen Endpunkten ist abzählbar; jede offene Menge läßt sich als Vereinigung von höchstens abzählbar vielen Intervallen dieser Familie darstellen. Daher gibt es höchstens $c$ offene Mengen und daher (durch Komplementbildung) höchstens $c$ abgeschlossene Mengen. Andererseits existieren mindestens $c$ überabzählbare abgeschlossene Mengen, da es mindestens $c$ überabzählbare abgeschlossene Intervalle gibt. Die Mächtigkeit der Familie der überabzählbaren abgeschlossenen Mengen ist folglich gleich $c$ . $\square$

**Satz 5.3** (F.BERNSTEIN)

Es existiert eine Menge $B$ von reellen Zahlen derart, daß sowohl $B$ als auch $B'$ jede überabzählbare abgeschlossene Teilmenge der Zahlengeraden schneiden.

**Beweis**

Auf Grund des Wohlordnungssatzes und Lemma 5.2 läßt sich die Familie $\mathfrak{F}$ der überabzählbaren abgeschlossenen Teilmengen der Zahlengeraden durch Ordinalzahlen, die kleiner als $\omega_c$ sind, indizieren, wobei $\omega_c$ die kleinste Ordinalzahl mit $c$ Vorgängern ist. Es sei also etwa $\mathfrak{F} = \{\mathfrak{F}_\alpha : \alpha < \omega_c\}$ . Wir können annehmen, daß $R$ und folglich auch jedes Element von $\mathfrak{F}$ wohlgeordnet sind. Man beachte, daß jedes Element von $\mathfrak{F}$ auf Grund von Lemma 5.1 die Mächtigkeit $c$ besitzt, da jede abgeschlossene Menge eine $G_\delta$-Menge ist. Seien $p_1$ und $q_1$ die ersten beiden Elemente von $F_1$ . Seien $p_2$ und $q_2$ die ersten beiden Elemente von $F_2$ , die jeweils sowohl von $p_1$ als auch von $q_1$ verschieden sind. Gilt $1 < \alpha < \omega_c$ und sind $p_\beta$ und $q_\beta$ bereits für alle $\beta < \alpha$ definiert, so seien $p_\alpha$ und $q_\alpha$ die ersten beiden Elemente von $F_\alpha - \bigcup_{\beta < \alpha} \{p_\beta, q_\beta\}$ . Diese Menge ist für jedes $\alpha$ nichtleer (sie besitzt die Mächtigkeit $c$), so daß $p_\alpha$ und $q_\alpha$ für jedes $\alpha < \omega_c$ definiert sind. Wir setzen $B = \{p_\alpha : \alpha < \omega_c\}$ . Da $p_\alpha \in B \cap F_\alpha$ und $q_\alpha \in B' \cap F_\alpha$ für jedes $\alpha < \omega_c$ gilt, hat die Menge $B$ die Eigenschaft, daß sie und ihr Komplement jede überabzählbare abgeschlossene Menge schneiden. $\square$

Wir werden jede Menge $B$ mit der zuletzt genannten Eigenschaft als <u>Bernsteinsche Menge</u> bezeichnen.

**Satz 5.4**

Jede Bernsteinsche Menge $B$ ist nicht-meßbar und besitzt nicht die Bairesche Eigenschaft. In der Tat ist jede meßbare Teilmenge von $B$ oder $B'$ Nullmenge, und jede Teilmenge von $B$ oder $B'$ , die die Bairesche Eigenschaft besitzt, ist von 1.Kategorie.

### Beweis

Sei $A$ irgendeine meßbare Teilmenge von $B$. Jede in $A$ enthaltene abgeschlossene Menge $F$ muß höchstens abzählbar sein (da jede überabzählbare abgeschlossene Menge die Menge $B'$ schneidet) und folglich das Maß $0$ besitzen. Auf Grund von Satz 3.18 gilt demnach $m(A) = 0$. Ist weiter $A$ eine Teilmenge von $B$, die die Bairesche Eigenschaft besitzt, so gilt $A = E \cup P$; darin sind $E$ eine $G_\delta$-Menge und $P$ von 1.Kategorie. $E$ muß höchstens abzählbar sein, da jede überabzählbare $G_\delta$-Menge auf Grund von Lemma 5.1 eine überabzählbare abgeschlossene Menge enthält und somit $B'$ schneidet. $A$ ist demnach von 1.Kategorie. Analog schließt man für $B'$. $\square$

### Satz 5.5

Jede Menge von positivem äußeren Maß enthält eine nicht-meßbare Teilmenge. Jede Menge von 2.Kategorie enthält eine Teilmenge, die die Bairesche Eigenschaft nicht besitzt.

### Beweis

Ist $A$ von positivem äußeren Maß und ist $B$ eine Bernsteinsche Menge, so können auf Grund von Satz 5.4 die Teilmengen $A \cap B$ und $A \cap B'$ von $A$ nicht beide meßbar sein. Ist $A$ von 2.Kategorie, so können die genannten beiden Teilmengen von $A$ nicht beide die Bairesche Eigenschaft besitzen. $\square$

Die Tatsache, daß jede Menge von positivem äußeren Maß eine nichtmeßbare Teilmenge enthält, wurde zuerst von RADEMACHER [30] mit Hilfe einer völlig anderen Methode bewiesen. Die Nicht-Meßbarkeit einer Vitalischen Menge hing von gruppentheoretischen Eigenschaften des Lebesgueschen Maßes (Invarianz gegenüber Translationen) ab, während die Nicht-Meßbarkeit einer Bernsteinschen Menge von topologischen Eigenschaften abhing (Satz 3.18). Es gibt jedoch einen noch tieferen Grund rein mengentheoretischer Natur dafür, daß (unter gewissen Voraussetzungen) ein nichttriviales Maß nicht für alle Teilmengen einer Menge $X$ definiert werden kann. Dies ist der Inhalt eines berühmten Satzes von ULAM (1930) [39]. Dieser Satz bezieht sich nicht unmittelbar auf Maße auf der Zahlengeraden, sondern auf solche in einer abstrakten Menge $X$ mit eingeschränkter Kardinalzahl. Im einfachsten Fall bezieht sich dies auf Maße in einer Menge der Mächtigkeit $\aleph_1$. Hat $X$ die Mächtigkeit $\aleph_1$, so bedeutet dies, daß $X$ derart wohlgeordnet werden kann, daß jedes Element höchstens abzählbar viele Vorgänger besitzt, d.h., daß sich die Elemente von $X$ eineindeutig den Ordinalzahlen, die kleiner als die erste überabzählbare Ordinalzahl sind, zuordnen lassen.

### Satz 5.6 (ULAM)

Ein endliches Maß $\mu$, das auf allen Teilmengen einer Menge $X$ der Mächtigkeit $\aleph_1$ definiert ist, verschwindet identisch, wenn es gleich $0$ auf jeder einelementigen Teilmenge ist.

<u>Beweis</u>

Auf Grund der Voraussetzung existiert eine Wohlordnung für $X$ derart, daß für jedes $y \in X$ die Menge $\{x : x < y\}$ höchstens abzählbar ist. Sei $f(x, y)$ eine eineindeutige Abbildung dieser Menge auf eine Teilmenge der positiven ganzen Zahlen. Dann ist $f$ eine ganzwertige Funktion, die auf allen Paaren $(x, y) \in X \times X$ mit $x < y$ definiert ist. Sie hat die Eigenschaft

(1) $$x < x' < y \quad \text{impliziert} \quad f(x, y) \neq f(x', y) .$$

Für jedes $x \in X$ und jede positive ganze Zahl $n$ setzen wir

$$F_x^n = \{ y : x < y , \ f(x, y) = n \} .$$

Wir können diese Mengen nach dem Schema

$$
\begin{array}{ccccc}
F_{x_1}^1 & F_{x_2}^1 & \cdots\cdots & F_x^1 & \cdots \\[2ex]
F_{x_1}^2 & F_{x_2}^2 & \cdots\cdots & F_x^2 & \cdots \\[2ex]
\cdots & \cdots & \cdots\cdots & \cdots & \\[2ex]
F_{x_1}^n & F_{x_2}^n & \cdots\cdots & F_x^n & \cdots \\[2ex]
\cdots & \cdots & \cdots\cdots & &
\end{array}
$$

anordnen, das $\aleph_0$ Zeilen und $\aleph_1$ Spalten besitzt. Es hat folgende Eigenschaften:

(2) Die Mengen in jeder Zeile sind paarweise disjunkt;

(3) Die Vereinigung der Mengen in jeder Spalte ist bis auf eine höchstens abzählbare Menge gleich $X$ .

Um (2) zu beweisen, nehmen wir an, daß für ein gewisses $n$ und gewisse $y, x$ und $x'$ mit $x \leqslant x'$ $y \in F_x^n \cap F_{x'}^n$ gilt. Dann haben wir $x < y$, $x' < y$ und $f(x, y) = f(x', y) = n$. Auf Grund von (1) gilt deshalb $x = x'$. Die Mengen $F_x^n$, $x \in X$, sind somit für jedes feste $n$ disjunkt.

Um (3) zu zeigen, beachte man, daß für $x < y$ $y$ einer der Mengen $F_x^n$ angehört, nämlich derjenigen, für die $n = f(x, y)$ ist. Die Vereinigung der Mengen $F_x^n$, $n = 1$, $2, \ldots,$ unterscheidet sich daher von $X$ durch die höchstens abzählbare Menge $\{y : y \leqslant x\}$ .

Auf Grund von (2) und der Endlichkeit von $\mu(X)$ kann es in jeder Zeile höchstens abzählbar viele (oder auch keine) Mengen $F_x^n$ mit positivem Maß geben. Daher gibt es im gesamten Schema höchstens abzählbar viele (oder auch keine) Mengen mit positivem Maß. Da es überabzählbar viele Spalten gibt, muß offenbar ein $x \in X$ derart existieren, daß $\mu(F_x^n) = 0$, $n = 1, 2, \ldots,$ gilt. Die Vereinigung der Mengen in dieser Spalte hat das Maß 0, und die komplementäre höchstens abzählbare Menge hat ebenfalls das Maß 0. Es gilt demnach $\mu(X) = 0$, so daß $\mu$ identisch gleich 0 ist. $\Box$

ULAM bewies dieses Resultat nicht nur für Mengen der Mächtigkeit $\aleph_1$ , sondern auch
für gewisse Mengen höherer Mächtigkeit. Eine Kardinalzahl $m$ ohne unmittelbaren Vorgänger heiße <u>schwach unerreichbar</u>, wenn gilt

(i) $m$ ist größer als $\aleph_0$ ;

und

(ii) $m$ läßt sich nicht darstellen als Summe von kleineren Kardinalzahlen, deren Anzahl kleiner als $m$ ist.

Eine Kardinalzahl $m$ heiße <u>unerreichbar</u>, wenn sie schwach unerreichbar ist und wenn
zusätzlich gilt

(iii) $m$ ist größer als die Kardinalzahl der Potenzmenge einer beliebigen Menge, deren
Kardinalzahl kleiner als $m$ ist.

Man sieht leicht, daß $c$ nicht unerreichbar ist ((iii) ist verletzt). Falls unerreichbare
Kardinalzahlen existieren, so muß auch die kleinste unter ihnen noch sehr groß sein.
Durch eine Fortsetzung der obigen Überlegung gelang es ULAM zu zeigen, daß man in
Satz 5.6 lediglich anzunehmen braucht, daß keine Kardinalzahl, die höchstens gleich derjenigen von $X$ ist, schwach unerreichbar ist. Weder Satz 5.6 noch seine Verallgemeinerung lassen sich auf Maße auf der Zahlengeraden anwenden, falls man nicht zusätz-
liche Annahmen über $c$ macht. Legen wir die <u>Kontinuumhypothese</u> zugrunde (die besagt,
daß $c = \aleph_1$ ist), oder nehmen wir zumindest an, daß keine Kardinalzahl, die höchstens
gleich $c$ ist, schwach unerreichbar ist, so gelangen wir zu folgender

<u>Aussage 5.7:</u> Ein endliches Maß, das auf der Potenzmenge einer Menge der Mächtigkeit c
definiert ist, verschwindet identisch, falls es auf den einelementigen Mengen verschwindet.

Dieses Resultat bringt eine bemerkenswerte Verallgemeinerung mit sich. Zusätzlich zu
den oben erwähnten Resultaten bewies ULAM folgendes: Läßt $X$ ein endliches Maß $\mu$
zu derart, daß $\mu(X) > 0$ und $\mu(\{x\}) = 0$, $x \in X$ , gilt, und trifft die Aussage 5.7 zu,
so existiert auf $X$ ein <u>zweiwertiges</u> Maß (das lediglich die Werte 0 und 1 annimmt)
mit denselben Eigenschaften. Auf Grund eines Satzes von HANF und TARSKI [32, S.313]
kann ein derartiges Maß nur dann existieren, wenn die Kardinalzahl von $X$ enorm groß
ist; in der Tat müssen der Kardinalzahl von $X$ ebensoviele unerreichbare Kardinalzahlen vorangehen!
Es sei hervorgehoben, daß die Nicht-Meßbarkeit einer Menge nicht besagt, daß sich für
sie kein Maß definieren läßt. Es läßt sich nämlich zeigen, daß eine beliebige Teilmenge
von $R$ zum Definitionsbereich einer geeigneten Fortsetzung des Lebesgueschen Maßes
gehört. Jedoch zeigt Satz 5.6, daß sich im Fall $c = \aleph_1$ keine Fortsetzung des Lebesgueschen Maßes auf jeder Menge des Schemas $\{F_x^n\}$ definieren läßt. Noch bemerkenswer-
ter ist, daß BANACH [1] zeigen konnte, daß die Kontinuumhypothese die Existenz einer
<u>abzählbaren</u> Familie von Mengen mit dieser Eigenschaft impliziert. Man sollte jedoch
nicht vergessen, daß ohne Voraussetzung der Kontinuumhypothese oder gewisser anderer spezieller Annahmen über $c$ bis jetzt weder die Aussage 5.7 noch die Unmög-
lichkeit der Fortsetzung des Lebesgueschen Maßes auf alle Teilmengen von $R$ bewiesen wurden.

# Kapitel 6

# Das Spiel von BANACH-MAZUR

Um 1928 ersann der polnische Mathematiker S.MAZUR das folgende mathematische "Spiel". Spieler $(A)$ "erhält" eine beliebige Teilmenge $A$ eines abgeschlossenen Intervalls $I_0$, während der Spieler $(B)$ die komplementäre Menge $B = I_0 - A$ erhält. Das Spiel $<A, B>$ wird nun wie folgt gespielt: $(A)$ wählt ein beliebiges abgeschlossenes Intervall $I_1 \subset I_0$; anschließend wählt $(B)$ ein abgeschlossenes Intervall $I_2 \subset I_1$; danach wählt $(A)$ ein abgeschlossenes Intervall $I_3 \subset I_2$. So geht es abwechselnd weiter. Auf diese Weise definieren beide Spieler eine Folge ineinandergeschachtelter abgeschlossener Intervalle $I_n$, wobei $(A)$ diejenigen mit ungeradem und $(B)$ diejenigen mit geradem Index wählt. Enthält die Menge $\cap I_n$ mindestens einen Punkt der Menge $A$, so gewinnt $(A)$; andernfalls gewinnt $(B)$.

Die Frage ist: kann einer der beiden Spieler durch geschickte Wahl seiner Intervalle sicherstellen, daß er gewinnt - gleichgültig, wie sein Gegner spielt? Jeder, der mit dem Beweis des Baireschen Kategorie-Satzes vertraut ist, wird bald folgendes bemerken: ist $A$ von 1.Kategorie, so existiert für den Spieler $(B)$ eine einfache Strategie, die seinen Gewinn garantiert. Ist nämlich $A = \cup A_n$ und $A_n$ nirgends dicht, $n \geq 1$, so braucht $(B)$ lediglich für jedes $n$ $I_{2n} \subset I_{2n-1} - A_n$ zu wählen. Unabhängig davon, wie $(A)$ spielt, wird $(B)$ gewinnen. MAZUR vermutete, daß der Spieler $(B)$ <u>nur</u> dann sicher sein kann zu gewinnen, wenn die Menge $A$ von 1.Kategorie ist. BANACH (unveröffentlicht) bewies die Richtigkeit dieser Vermutung [40, S.23] [9].

Um zu präzisieren, was es bedeutet, daß einer der Spieler sicher ist zu gewinnen, benötigen wir den Begriff der "Strategie". Eine Strategie für einen Spieler stellt eine Vorschrift dar, die festlegt, welchen Zug er in jeder möglichen Situation machen wird. Bei seinem n-ten Zug kennt $(B)$ lediglich die in den vorangegangenen Zügen gewählten Intervalle $I_0, I_1, \ldots, I_{2n-1}$ sowie die Mengen $A$ und $B$. Auf Grund dieser Information muß seine Strategie ihm sagen, welches Intervall er für $I_{2n}$ wählen soll. Eine Strategie für $(B)$ ist demnach eine Folge von Funktionen $f_n(I_0, I_1, \ldots, I_{2n-1})$, deren Werte abgeschlossene Intervalle sind. Die Regeln des Spiels erfordern, daß

$$(1) \qquad f_n(I_0, I_1, \ldots, I_{2n-1}) \subset I_{2n-1}, \quad n = 1, 2, \ldots$$

gilt. Die Funktion $f_n$ muß mindestens für alle Intervalle, die den Bedingungen

(2)
$$I_0 \supset I_1 \supset I_2 \supset \ldots \supset I_{2n-1}$$

sowie

(3)
$$I_{2i} = f_i(I_0, I_1, \ldots, I_{2i-1}), \quad i = 1, 2, \ldots, n-1 \,,$$

genügen, definiert sein. Dafür, daß eine Gewinnstrategie für (B) vorliegt, ist notwendig und hinreichend, daß $\bigcap I_n \subset B$ für jede Folge $\{I_n\}$ gilt, die (2) und (3) für jedes $n$ erfüllt.

<u>Satz 6.1</u>
Für (B) existiert genau dann eine Gewinnstrategie, wenn $A$ von 1.Kategorie ist.

<u>Beweis</u>
Sei $f_1, f_2, \ldots$ eine Gewinnstrategie für $B$. $I^0$ bezeichne das Innere eines (beliebigen) Intervalls $I$. Bei gegebenem $f_1$ läßt sich eine Folge abgeschlossener, in $I_0^0$ enthaltener Intervalle $J_i$, $i = 1, 2, \ldots$, derart konstruieren, daß gilt:
(i) Die Intervalle $K_i = f_1(I_0, J_i)$, $i = 1, 2, \ldots$, sind disjunkt;
und
(ii) Die Vereinigung ihrer inneren Punkte liegt dicht in $I_0$.
Eine mögliche Konstruktion wird im folgenden gegeben. Sei $S$ eine Folge, die aus sämtlichen abgeschlossenen, in $I_0^0$ enthaltenen Intervallen mit rationalen Endpunkten besteht. Sei $J_1$ das erste Glied von $S$. Sind bereits $J_1, \ldots, J_i$ definiert, so sei $J_{i+1}$ das erste Glied von $S$, das in $I_0 - K_1 - K_2 - \ldots - K_i$ enthalten ist. Man verifiziert leicht unter Benutzung von (1), daß die beschriebene Konstruktion induktiv eine Folge $\{J_i\}$ mit den gewünschten Eigenschaften definiert.
Ähnlich sei für jedes $i$ $J_{ij}$, $j = 1, 2, \ldots$ eine Folge von abgeschlossenen, in $K_i^0$ enthaltenen Intervallen derart, daß die Intervalle $K_{ij} = f_2(I_0, J_i, K_i, J_{ij})$ disjunkt sind und die Vereinigung ihrer inneren Punkte dicht in $K_i$ ist. Die Vereinigung aller Intervalle $K_{ij}^0$ liegt dann dicht in $I_0$.
Wir können durch vollständige Induktion zwei Familien von abgeschlossenen Intervallen $J_{i_1 \ldots i_n}$ und $K_{i_1 \ldots i_n}$, worin $n$ und jeder der Indizes $i_k$ alle positiven ganzen Zahlen durchlaufen, derart konstruieren, daß folgende Bedingungen erfüllt sind:

(4)
$$K_{i_1 \ldots i_n} = f_n(I_0, J_{i_1}, K_{i_1}, J_{i_1 i_2}, K_{i_1 i_2}, \ldots, J_{i_1 \ldots i_n}) \,,$$

(5)
$$J_{i_1 \ldots i_{n+1}} \subset K_{i_1 \ldots i_n}^0$$

sowie

(6) Für jedes $n$ sind die Intervalle $K_{i_1 \ldots i_n}$ disjunkt, und die Vereinigung ihrer inneren Punkte ist dicht in $I_0$.

Wir betrachten nun eine beliebige Folge von natürlichen Zahlen $i_n$ und setzen

$$(7) \qquad I_{2n-1} = J_{i_1 \ldots i_n}, \quad I_{2n} = K_{i_1 \ldots i_n}, \quad n = 1, 2, \ldots$$

Aus (4) und (5) ergibt sich, daß die Bedingungen (2) und (3) für alle $n$ erfüllt sind; die Folge der ineinandergeschachtelten Intervalle $I_n$ entspricht daher einem möglichen Spielverlauf, der verträglich ist mit der gegebenen Strategie für (B). Nach Voraussetzung muß die Menge $\cap I_n$ in B enthalten sein.

Für jedes $n$ setzen wir $G_n = \bigcup_{i_1 \ldots i_n} K^0_{i_1 \ldots i_n}$ . Sei $E = \cap G_n$ . Zu jedem $x \in K$ existiert dann eine eindeutig bestimmte Folge $i_1, i_2, \ldots$ derart, daß $x \in K_{i_1 \ldots i_n}$ für jedes $n$ gilt. Wird diese Folge zur Definition von (7) benutzt, so gilt $x \in \cap I_n \subset B$ . Dies zeigt, daß $E \subset B$ gilt. Folglich haben wir $A = I_0 - B \subset I_0 - E = \bigcup_n (I_0 - G_n)$ .

Da (6) impliziert, daß jede der Mengen $I_0 - G_n$ nirgends dicht ist, muß A von 1.Kategorie sein. $\square$

Dieser Satz erhellt auf eine neue Weise, in welchem Sinne eine Menge von 1.Kategorie klein ist: es handelt sich um eine Menge, bei der der erste Spieler zwangsläufig verlieren muß, falls sein Gegner die Situation ausnutzt.

## Satz 6.2

Es existiert für den Spieler (A) genau dann eine Gewinnstrategie, wenn $I_1 \cap B$ von 1.Kategorie für ein gewisses Intervall $I_1 \subset I_0$ ist.

## Beweis

Falls ein derartiges Intervall existiert, kann der Spieler (A) dieses bei seinem ersten Zug wählen. Er kann anschließend mit Hilfe einer naheliegenden Strategie sicherstellen, daß $\cap_n I_n \cap B = \emptyset$ ist. Da $\cap_n I_n \neq \emptyset$ ist, liefert dies eine Gewinnstrategie für (A). Besitzt andererseits der Spieler (A) eine Gewinnstrategie, so kann er sie so modifizieren, daß $\cap I_n$ genau einen Punkt von A enthält. (Dies läßt sich z.B. dadurch erreichen, daß (A) $I_{2n+1}$ so wählt, als ob das Teilintervall $I_{2n}$ nur halb so lang gewählt worden wäre.) Dies definiert eine Gewinnstrategie für den zweiten Spieler im Spiel $< I_1 \cap B, I_1 \cap A >$. Nach Satz 6.1 kann eine derartige Strategie nur dann existieren, wenn $I_1 \cap B$ von 1.Kategorie ist. $\square$

## Satz 6.3

Besitzt A die Bairesche Eigenschaft, so besitzen (B) bzw. (A) Gewinnstrategien, wenn A von 1. bzw. 2.Kategorie ist.

## Beweis

Sei $A = G \triangle P$ , worin G offen und P von 1.Kategorie sind. Ist G leer, so besitzt (B) auf Grund von Satz 6.1 eine Gewinnstrategie. Ist G nichtleer, so braucht Spieler (A) lediglich $I_1 \subset G$ zu wählen, um sicherzustellen, daß er gewinnen kann. $\square$

Eine Menge E heiße von 1.<u>Kategorie im Punkt</u> x , wenn eine Umgebung U von x derart existiert, daß $U \cap E$ von 1.Kategorie ist. Andernfalls heiße E von 2.<u>Kategorie im</u>

<u>Punkt</u>  x . Diese Begriffe sind analog zum metrischen Begriff der Dichte, die in Kap. 3 studiert wurde. Die Menge  G  der Punkte, in denen A'  von 1. Kategorie ist, ist offen. Besitzt  A  die Bairesche Eigenschaft, so läßt sich  G  als das Kategorie-Analogon zur Menge  $\varphi(A)$  ansehen, die in Satz 3.21 betrachtet wurde; sie ist die größte offene Menge, die sich von  A  um eine Menge von 1. Kategorie unterscheidet. Somit entspricht  G  der in Satz 4.6 auftretenden regulär offenen Menge. Die Tatsache, daß sich  G  von  A  durch eine Menge von 1. Kategorie unterscheidet, ist analog zum Lebesgueschen Dichtesatz. Auf Grund der Sätze 6.1 und 6.2 besitzt einer der beiden Spieler genau dann eine Gewinnstrategie, wenn  A  von 1. Kategorie ist oder wenn  B  von 1. Kategorie in einem gewissen Punkt ist. Wegen Satz 6.3 gilt eine der obigen Alternativen stets, wenn  A  die Bairesche Eigenschaft besitzt. Ist es möglich, daß keine der obigen Alternativen gilt? Ja! Sei  A  gleich dem Durchschnitt der Menge  $I_0$  und einer Bernsteinschen Menge. Dann enthalten weder  A  noch  B  eine überabzählbare  $G_\delta$-Menge (Lemma 5.1). Folglich ist für kein Intervall  $I \subset I_0$  eine der Mengen  $A \cap I$  und  $B \cap I$  von 1. Kategorie. (Denn ist eine von ihnen von 1. Kategorie, dann ist die andere eine Menge von 2. Kategorie, die die Bairesche Eigenschaft besitzt. Nach Satz 4.4 enthält jede derartige Menge eine überabzählbare  $G_\delta$-Menge.) Folglich besitzt beim Spiel  $< A, B >$  keiner der Spieler eine Gewinnstrategie.

Eine derartige Möglichkeit der Indeterminiertheit macht das Spiel von BANACH-MAZUR besonders interessant für die allgemeine Spieltheorie. Sie führt auch zu einigen interessanten Fragen. Sollte man ein Spiel, bei dem einer der Spieler eine Gewinnstrategie besitzt, als "Geschicklichkeitsspiel" bezeichnen? Hängt der Ausgang eines Spiels, den kein Spieler kontrollieren kann, vom "Zufall" ab? Was bedeutet "Zufall" in diesem Zusammenhang?

Es gibt eine weitere Version des Spiels von BANACH-MAZUR, bei der die Spieler abwechselnd Ziffernblöcke (von beliebiger Länge) der Dezimalbruch - (oder dyadischen) Entwicklung einer Zahl wählen. Gehört die so definierte Zahl zu  A , so gewinnt  (A); andernfalls gewinnt  (B). In der Tat stimmt dieses Spiel überein mit dem Spiel, bei dem Intervalle benutzt werden - jedoch mit der Einschränkung, daß nun alle Intervalle Dezimalintervalle sein müssen (d.h. Intervalle der Form

$$[0, a_1 a_2 \ldots a_k, \; 0, a_1 a_2 \ldots a_k + 10^{-k}] , \quad a_i = 0, 1, \ldots, 9; \; 1 \leqslant i \leqslant k, \; k = 1, 2, \ldots) .$$

Jede Gewinnstrategie für das ursprüngliche Spiel läßt sich leicht so modifizieren, daß sie dieser Bedingung genügt; die Sätze 6.1, 6.2 sowie 6.3 bleiben gültig. Fordert man jedoch, daß alle Blöcke die Länge  1  haben, d.h. wählen  (A)  und  (B)  die aufeinanderfolgenden Ziffern der Dezimalbruchentwicklung einer Zahl, so gelangt man zu einem völlig anderen Spiel, das zuerst von GALE und STEWART [8] untersucht wurde. Bis jetzt sind die Bedingungen, unter denen einer der Spieler eine Gewinnstrategie besitzt, noch nicht völlig verstanden. Man weiß z.B. nicht, ob einer der Spieler eine Gewinnstrategie besitzt, wenn  A  eine Borelsche Menge ist. Neuere Untersuchungen legen die Vermutung nahe, daß die Antwort davon abhängen könnte, welche mengentheoretischen Axiome man zugrunde legt [22, S.75].

# Kapitel 7

## Funktionen erster Klasse

Sei $f$ eine auf $R$ definierte reellwertige Funktion. Sei $I$ ein beliebiges Intervall. Man nennt die Größe

$$\omega(I) = \sup_{x \in I} f(x) - \inf_{x \in I} f(x)$$

die <u>Oszillation</u> <u>von</u> $f$ <u>auf</u> $I$. Für festes $x$ ist die Funktion $\omega((x - \delta, x + \delta))$ monoton wachsend bezüglich $\delta$. Der Grenzwert

$$\omega(x) = \lim_{\delta \to 0} ((x - \delta, x + \delta))$$

existiert folglich und wird die <u>Oszillation</u> <u>von</u> $f$ <u>in</u> $x$ genannt. Die Funktion $\omega(x)$ nimmt ihre Werte in $[0, +\infty]$ an. Es gilt ersichtlich $\omega(x_0) = 0$ genau dann, wenn $f$ stetig in $x_0$ ist. Im Fall $\omega(x_0) > 0$ ist $\omega(x_0)$ ein Maß für die Unstetigkeit von $f$ in $x_0$.

Ist $\omega(x_0) < \varepsilon$, so gilt $\omega(x) < \varepsilon$ für alle $x$ in einer gewissen Umgebung von $x_0$. Die Menge $\{x: \omega(x) < \varepsilon\}$ ist demnach offen. Die Menge $U$ aller Punkte, in denen $f$ unstetig ist, läßt sich in der Form

$$U = \bigcup_{n=1}^{\infty} \{x : \omega(x) \geqslant \tfrac{1}{n}\}$$

darstellen. $U$ ist also stets eine $F_\sigma$-Menge. Damit ist bewiesen:

<u>Satz 7.1</u>
Ist $f$ eine auf $R$ definierte reellwertige Funktion, so ist die Menge der Unstetigkeitsstellen von $f$ eine $F_\sigma$-Menge.
Dieser Satz besitzt folgende Umkehrung:

<u>Satz 7.2</u>
Zu einer beliebigen $F_\sigma$-Menge $E$ existiert eine beschränkte Funktion $f$, deren Menge von Unstetigkeitsstellen gleich $E$ ist.

Beweis

Sei $E = \bigcup F_n$, wobei $F_n$ abgeschlossen ist, $n = 1, 2, \ldots$ Wir dürfen annehmen, daß für alle $n$ $F_n \subset F_{n+1}$ gilt. $A_n$ bezeichne die Menge der im Innern von $F_n$ enthaltenen rationalen Zahlen. Die für eine beliebige Menge $A$ vermöge

$$\chi_A(x) = \begin{cases} 1, & x \in A \\ 0, & x \notin A \end{cases}$$

definierte Funktion $\chi_A$ wird <u>Indikatorfunktion</u> (oder <u>charakteristische Funktion</u>) von $A$ genannt. Die Funktion $f_n = \chi_{F_n} - \chi_{A_n} = \chi_{F_n - A_n}$ besitzt in jedem Punkt von $F_n$ die Oszillation $1$ und in allen übrigen Punkten die Oszillation $0$. Sei $\{a_n\}$ eine Folge positiver reeller Zahlen derart, daß $a_n > \sum_{i>n} a_i$, $n \geqslant 1$, gilt. (Man setze etwa $a_n = \frac{1}{n!}$.) Die Reihe $\sum_{n=1}^{\infty} a_n f_n$ konvergiert gleichmäßig gegen eine beschränkte Funktion $f$. Die Funktion $f$ ist stetig in jedem Punkt, in dem alle Summanden stetig sind, folglich in jedem Punkt von $R - E$. Andererseits ist die Oszillation von $f$ in jedem Punkt von $F_n - F_{n-1}$ mindestens gleich $a_n - \sum_{i>n} a_i$. Die Menge der Unstetigkeitsstellen von $f$ ist daher gleich $E$. $\square$

Eine Funktion heißt Funktion <u>erster Klasse</u> (von BAIRE), wenn sie sich als Grenzwert einer überall konvergenten Folge stetiger Funktionen darstellen läßt. Wie einfache Beispiele zeigen, braucht eine derartige Funktion nicht stetig zu sein. Z.B. sind die Funktionen $f_n(x) = \max(0, 1 - n|x|)$, $n \geqslant 1$, stetig; die Folge der $f_n$ konvergiert punktweise gegen die Funktion

$$f(x) = \begin{cases} 1, & x = 0 \\ 0, & x \neq 0 \,. \end{cases}$$

Der folgende Satz zeigt jedoch, daß eine Funktion erster Klasse nicht überall unstetig sein kann; er ist bekannt als <u>Satz von BAIRE über die Funktionen erster Klasse</u>. (Genauer ist er ein Teil des Satzes von BAIRE). BAIRE führte den Begriff der Kategorie ursprünglich genau in diesem Zusammenhang ein.

Satz 7.3

Läßt sich $f$ als Grenzwert einer überall konvergenten Folge stetiger Funktionen darstellen, so ist $f$ höchstens in den Punkten einer Menge von 1.Kategorie unstetig.

Man vergleiche dies mit dem wohlbekannten Satz, daß der Grenzwert einer <u>gleichmäßig</u> konvergenten Folge stetiger Funktionen überall stetig ist.

Beweis von Satz 7.3

Es genügt zu zeigen, daß für jedes $\varepsilon > 0$ die Menge $F = \{x : \omega(x) \geqslant 5\varepsilon\}$ nirgends dicht ist. Sei $f(x) = \lim f_n(x)$, $f_n$ stetig. Setzen wir

$$E_n = \bigcap_{i,j \geqslant n} \{x : |f_i(x) - f_j(x)| \leqslant \varepsilon\} \, , \, n = 1, 2, \ldots ,$$

so ist $E_n$ abgeschlossen und es gilt $E_n \subset E_{n+1}$ , $n \geqslant 1$ , sowie $\bigcup E_n = R$ . Man betrachte ein beliebiges abgeschlossenes Intervall $I$ . Da $I = \bigcup (E_n \cap I)$ ist, können die Mengen $E_n \cap I$ nicht alle nirgends dicht sein. Für ein gewisses $n$ enthält daher $E_n \cap I$ ein offenes Intervall $J$ . Wir haben $|f_i(x) - f_j(x)| \leqslant \varepsilon$ , $x \in J$ , $i, j \geqslant n$ . Setzen wir $j = n$ , so ergibt sich für $i \to \infty$ $|f(x) - f_n(x)| \leqslant \varepsilon$ , $x \in J$ . Zu jedem $x_0 \in J$ existiert eine Umgebung $I(x_0) \subset J$ derart, daß $|f_n(x) - f_n(x_0)| \leqslant \varepsilon$ , $x \in I(x_0)$ , gilt. Dies liefert $|f(x) - f_n(x_0)| \leqslant 2\varepsilon$ , $x \in I(x_0)$ . Folglich haben wir $\omega(x_0) \leqslant 4\varepsilon$ , so daß kein Punkt von $J$ zu $F$ gehört. Zu jedem abgeschlossenen Intervall $I$ gibt es demnach ein offenes Intervall $J \subset I - F$ . Dies zeigt, daß $F$ nirgends dicht ist. $\square$

Mit Hilfe der soeben gegebenen Überlegung kann man mehr beweisen. Sie läßt sich nämlich nach geringfügiger Modifikation auf den Fall anwenden, daß $f$ und alle Funktionen $f_n$ auf eine beliebige perfekte Menge $P$ eingeschränkt werden. In diesem Fall muß "Kategorie" als "Kategorie relativ zu $P$" interpretiert werden. Der Bairesche Kategorie-Satz bleibt gültig: Schneidet ein offenes Intervall $I$ die Menge $P$ , so kann keine abzählbare Vereinigung von relativ zu $P$ nirgends dichten Mengen gleich $I \cap P$ sein. Ist also $f$ eine beliebige Funktion erster Klasse und ist $P$ eine beliebige perfekte Menge, so ist die Einschränkung von $f$ auf $P$ stetig in allen Punkten von $P$ mit Ausnahme derjenigen in einer Menge von 1.Kategorie relativ zu $P$ . Umgekehrt zeigte BAIRE, daß jede derartige Funktion von erster Klasse ist.(Für einen elementaren Beweis vgl. [4, Anhang II].) Dies soll hier nicht bewiesen werden. Wir führen jedoch ein einfaches Beispiel an, das zeigt, daß die Umkehrung von Satz 7.3 falsch ist. Sei $f(x) = 0$ in allen Punkten $x$ , die nicht in der Cantorschen Menge $C$ liegen, sei $f(x) = 1/2$ in allen Endpunkten der offenen Intervalle, die bei der Konstruktion von $C$ aus $[0, 1]$ herausgenommen werden, und sei $f(x) = 1$ in allen übrigen Punkten von $C$. Die Funktion $f$ ist stetig in allen Punkten mit Ausnahme derjenigen, die in einer Menge von 1.Kategorie liegen, nämlich in jedem Punkt der Menge $C'$. Die Einschränkung von $f$ auf $C$ ist jedoch unstetig in jedem Punkt von $C$ , so daß $f$ nicht von erster Klasse ist.
Es ist ziemlich leicht, eine notwendige und hinreichende Bedingung für die Gültigkeit der Schlußfolgerung in Satz 7.3 für $f$ anzugeben, d.h. dafür, daß die Menge der Unstetigkeitsstellen von $f$ von 1.Kategorie ist. Es gilt nämlich

<u>Satz 7.4</u>
Sei $f$ eine auf $R$ definierte, reellwertige Funktion. Die Menge der Unstetigkeitsstellen von $f$ ist genau dann von 1. Kategorie, wenn es eine dichte Menge gibt, in deren Punkten $f$ stetig ist.
Dies ist eine unmittelbare Konsequenz aus Satz 7.1 und der Tatsache, daß eine $F_\sigma$-Menge genau dann von 1.Kategorie ist, wenn ihr Komplement dicht ist.
Satz 7.3 stellt ein äußerst nützliches Resultat dar. Wir geben zwei Beispiele, um zu illustrieren, wie sich mit Hilfe dieses Satzes gewisse naheliegende Probleme lösen lassen.

Es ist wohlbekannt, daß eine trigonometrische Reihe punktweise gegen eine unstetige Funktion konvergieren kann. Wie unstetig kann diese Funktion sein? Kann die Summe einer überall konvergenten trigonometrischen Reihe überall unstetig sein? Satz 7.3 zeigt sofort, daß dies unmöglich ist.

Weiter ist bekannt, daß die Ableitung einer überall differenzierbaren Funktion $f$ nicht überall stetig zu sein braucht. Ein bekanntes Beispiel stellt die Funktion

$$f(x) = \begin{cases} x^2 \cdot \sin\left(\frac{1}{x}\right)\,, & x \neq 0 \\ 0 & , \ x = 0 \end{cases}.$$

dar. Kann die Ableitung einer überall differenzierbaren Funktion überall unstetig sein? Satz 7.3 liefert die Antwort, da

$$f'(x) = \lim_{n \to \infty} \frac{f\left(x + \frac{1}{n}\right) - f(x)}{\frac{1}{n}}$$

eine Funktion erster Klasse ist, wenn sie überall definiert und endlich ist.

Nachdem die Bedingungen dafür gefunden sind, daß die Menge $U$ der Unstetigkeitsstellen einer Funktion $f$ von 1.Kategorie ist, liegt es nahe zu untersuchen, unter welchen Bedingungen $U$ eine Nullmenge ist. Diese Frage beantwortet teilweise der folgende wohlbekannte

Satz 7.5

Eine Funktion $f$ ist genau dann über jedem endlichen Intervall im Riemannschen Sinne integrierbar, wenn sie auf jedem endlichen Intervall beschränkt ist und die Menge ihrer Unstetigkeitsstellen das Maß 0 besitzt.

Für eine gegebene Funktion $f$ , die beschränkt auf $I$ ist, bezeichne $F(I)$ das Infimum aller Summen der Form

$$\sum_{i=1}^{n} \omega(I_i)\,|I_i|\ ,$$

wobei $\{I_1, \dots I_n\}$ eine Einteilung von $I$ ist, d.h. eine beliebige endliche Familie von sich gegenseitig nicht überdeckenden abgeschlossenen Intervallen, deren Vereinigung gleich $I$ ist. $F(I)$ ist gleich der Differenz des oberen und unteren Integrals von $f$ über $I$ ; die Gleichung $F(I) = 0$ stellt die Bedingung dafür dar, daß $f$ im Riemannschen Sinne über $I$ integrierbar ist. Man zeigt leicht, daß für eine beliebige Einteilung $\{I_1, \dots, I_n\}$ von $I$ $F(I) = \sum_{i=1}^{n} F(I_i)$ gilt. Lediglich diese Eigenschaft von $F$ wird benötigt zum Beweis des folgenden

<u>Lemma 7.6</u>
Gilt für jedes $x \in I$ $\omega(x) < \varepsilon$, so folgt $F(I) < \varepsilon |I|$.

<u>Beweis</u>
Wir nehmen das Gegenteil an. Dann haben wir $F(I) \geq \varepsilon |I|$ und folglich $F(I_1) \geq \frac{\varepsilon}{2} |I|$ für mindestens eines der Intervalle $I_1$, die man durch Halbierung von $I$ erhält. Ähnlich gilt $F(I_2) \geq \frac{\varepsilon}{2} |I_1|$ für mindestens eines der Intervalle $I_2$, die durch Halbierung von $I_1$ entstehen. Durch fortgesetzte Halbierung erhalten wir eine Folge ineinandergeschachtelter Intervalle $I_n$ derart, daß $F(I_n) \geq \varepsilon/2^n |I|$, $n \geq 1$, gilt. Deren Durchschnitt enthält genau einen Punkt aus $I$, etwa x. Nach Voraussetzung haben wir $\omega(x) < \varepsilon$ und daher $\omega(J) < \varepsilon$ für ein gewisses offenes, x enthaltendes Intervall J. Wir wählen n so, daß $I_n \subset J$ gilt. Dann sind wir wegen

$$F(I_n) \leq \omega(I_n) \cdot |I_n| \leq \frac{\omega(J)}{2^n} |I| < \frac{\varepsilon}{2^n} |I| \leq F(I_n)$$

zu einem Widerspruch gelangt. $\Box$

<u>Corollar 7.7</u>
Jede Funktion, die stetig auf einem abgeschlossenen Intervall ist, ist integrierbar.

Es sei angemerkt, daß der obige Beweis dieser Tatsache nicht den Begriff der gleichmäßigen Stetigkeit benutzte.
Wir kommen nun zum

<u>Beweis</u> von <u>Satz 7.5</u>
Wir nehmen zunächst an, daß $F$ integrierbar über $I$ ist. Wird eine beliebige positive ganze Zahl k vorgegeben, so läßt sich $I$ derart in Intervalle $I_1, \ldots, I_n$ einteilen, daß

$$\sum_{i=1}^{n} \omega(I_i) |I_i| < \frac{1}{k^2}$$

gilt. $\sum'$ bezeichne die Summation über jene Intervalle $I_i$, für welche $\omega(x) \geq \frac{1}{k}$ in einem gewissen inneren Punkt gilt. Wir haben dann

$$\frac{1}{k^2} > \sum' \omega(I_i) |I_i| \geq \frac{1}{k} \sum' |I_i| .$$

Daher ist $\sum' |I_i| < \frac{1}{k}$. Die Menge

$$F_k = \{x \in I : \omega(x) \geq \frac{1}{k}\}$$

wird durch die genannten Intervalle überdeckt, vielleicht mit Ausnahme einer endlichen Anzahl von Punkten (Endpunkte der Intervalle der Einteilung). Daher ist $m(F_k) < \frac{1}{k}$.

Bezeichnet $U$ die Menge der Unstetigkeitsstellen von $f$ , dann ist $U \cap I$ die Vereinigung der wachsenden Folge $\left\{ F_k \right\}$ , und wir haben

$$m(U \cap I) = \lim_{k \to \infty} m(F_k) = 0 .$$

Ist $f$ integrierbar auf jedem endlichen Intervall, so ergibt sich, daß $U$ eine Nullmenge ist.

Umgekehrt nehmen wir an, daß $U$ eine Nullmenge ist und daß $f$ auf $I$ beschränkt ist mit der oberen und unteren Grenze $M$ bzw. $m$ . Zu jedem $\varepsilon > 0$ wähle man ein $k$ derart, daß $(M - m) + |I| < k \varepsilon$ gilt. Da $F_k$ eine abgeschlossene, beschränkte Nullmenge ist, läßt sich $F_k$ mit endlich vielen disjunkten offenen Intervallen, deren Gesamtlänge kleiner als $1 / k$ ist, überdecken. Die Endpunkte der Intervalle, die zu $I$ gehören, definieren eine Einteilung von $I$ in Intervalle $I_i$ und $J_j$ , die sich nicht gegenseitig überdecken derart, daß $\sum |I_i| < \frac{1}{k}$ und $\omega(k) < 1 / k$ auf jedem der Intervalle $J_j$ gilt. Daher ergibt sich mit Hilfe von Lemma 7.6

$$F(I) = \sum F(I_i) + \sum F(J_j) \leqslant (M - m) \sum |I_i| + \sum \frac{1}{k} |J_j| \leqslant \frac{1}{k} (M - m) + \frac{1}{k} |I| < \varepsilon .$$

Folglich ist $f$ im Riemannschen Sinne integrierbar über $I$ . $\Box$

Um die Diskussion der Unstetigkeitsstellen abzurunden, kann man die Frage aufwerfen, ob es eine natürliche Klasse von Funktionen gibt, die sich dadurch auszeichnen, daß sie nur höchstens abzählbar viele Unstetigkeitsstellen besitzen. Eine Teilantwort liefert

### Satz 7.8

Die Menge der Unstetigkeitsstellen einer beliebigen monotonen Funktion $f$ ist höchstens abzählbar (oder leer). Eine beliebige höchstens abzählbare (oder leere) Menge ist gleich der Menge der Unstetigkeitsstellen einer gewissen beschränkten monotonen Funktion.

### Beweis

Ist $f$ monoton, so kann es höchstens $\frac{1}{\varepsilon} |f(b) - f(a)|$ Punkte $x$ in $(a, b)$ geben, für die $\omega(x) \geqslant \varepsilon$ gilt. Die Menge der Unstetigkeitsstellen von $f$ ist somit höchstens abzählbar (oder leer). Andererseits sei $\{x_i\}$ irgendeine höchstens abzählbare Menge; sei $\sum \varepsilon_i$ eine konvergente Reihe positiver reeller Zahlen. Die Funktion $f(x) = \sum\limits_{x_i \leqslant x} \varepsilon_i$ ist eine beschränkte, monotone Funktion. Sie hat die Eigenschaft, daß $\omega(x_i) = \varepsilon_i$ für jedes $i$ und $\omega(x) = 0$ für alle $x$ gilt, die nicht der Folge $\{x_i\}$ angehören. $\Box$

Man vergleiche dieses Resultat mit dem viel tiefer liegenden, von LEBESGUE stammenden Satz, der besagt, daß jede monotone Funktion differenzierbar ist (d.h. eine endliche Ableitung besitzt) ausgenommen in den Punkten einer Menge vom Maß 0 [31, S.5].

# Kapitel 8

# Die Sätze von LUSIN und EGOROFF

Eine reellwertige auf $R$ definierte Funktion $f$ heißt <u>meßbar</u>, falls $f^{-1}(U)$ für jede offene Menge $U \subset R$ meßbar ist. Man sagt, $f$ habe die <u>Bairesche Eigenschaft</u>, falls $f^{-1}(U)$ für jede offene Menge $U \subset R$ die Bairesche Eigenschaft besitzt. In jeder der beiden Definitionen darf man die Familie der offenen Mengen ersetzen durch eine Basis der Topologie von $R$ oder durch die Familie der Borelschen Mengen. Die Indikatorfunktion $\chi_E$ einer Menge $E \subset R$ ist genau dann meßbar, wenn $E$ meßbar ist; $\chi_E$ hat die Bairesche Eigenschaft genau dann, wenn $E$ die Bairesche Eigenschaft besitzt.

Besitzt $E$ die Bairesche Eigenschaft, so gilt $E = G \triangle P = F \triangle Q$, worin $G$ offen, $F$ abgeschlossen und $P$ sowie $Q$ von 1.Kategorie sind. Die Menge $E - (P \cup Q) =$
$= G - (P \cup Q) = F - (P \cup Q)$ ist zugleich offen und abgeschlossen relativ zu $R - (P \cup Q)$, so daß die Einschränkung von $\chi_E$ auf das Komplement von $P \cup Q$ stetig ist. Allgemein hängen Stetigkeit und die Bairesche Eigenschaft wie folgt zusammen [18, S.306].

<u>Satz 8.1</u>

Eine reellwertige, auf $R$ definierte Funktion $f$ besitzt die Bairesche Eigenschaft genau dann, wenn es eine Menge $P$ von 1.Kategorie gibt derart, daß die Einschränkung von $f$ auf $R - P$ stetig ist.

<u>Beweis</u>

Sei $U_1$, $U_2$, ... eine abzählbare Basis der Topologie von $R$, z.b. die Familie der offenen Intervalle mit rationalen Endpunkten. Hat $f$ die Bairesche Eigenschaft, dann ist $f^{-1}(U_i) = G_i \triangle P_i$, worin $G_i$ offen und $P_i$ von 1.Kategorie sind. Setzen wir $P = \bigcup_{i=1}^{\infty} P_i$, so ist $P$ von 1.Kategorie. Die Einschränkung $g$ von $f$ auf $R - P$ ist stetig, da die Mengen $g^{-1}(U_i) = f^{-1}(U_i) - P = (G_i \triangle P_i) - P = G_i - P$ und somit auch $g^{-1}(U)$ bei beliebigem offenen $U \subset R$ offen relativ zu $R - P$ für jedes $i$ sind.

Ist umgekehrt die Einschränkung $g$ von $f$ auf das Komplement einer gewissen Menge $P$ von 1.Kategorie stetig, so existiert zu jeder offenen Menge $U$ eine offene Menge $G$ derart, daß $g^{-1}(U) = G - P$ gilt. Da

$$g^{-1}(U) \subset f^{-1}(U) \subset g^{-1}(U) \cup P$$

ist, so haben wir

$$G - P \subset f^{-1}(U) \subset G \cup P \, .$$

Somit gilt $f^{-1}(U) = G \vartriangle Q$ für ein gewisses $Q \subset P$ . Folglich hat $f$ die Bairesche Eigenschaft. $\square$

Die Beziehung zwischen Stetigkeit und Meßbarkeit ist nicht ganz so einfach. Sie wird gegeben durch das folgende Resultat, das auch als Satz von LUSIN bezeichnet wird.

<u>Satz 8.2</u> (LUSIN)

Eine reellwertige auf $R$ definierte Funktion $f$ ist genau dann meßbar, wenn es zu jedem $\varepsilon > 0$ eine Menge $E$ mit $m(E) < \varepsilon$ derart gibt, daß die Restriktion von $f$ auf $R - E$ stetig ist.

<u>Beweis</u>

Sei $U_1, U_2, \ldots$ eine abzählbare Basis für die Topologie von $R$ . Ist $f$ meßbar, dann existieren zu jedem $i$ eine abgeschlossene Menge $F_i$ und eine offene Menge $G_i$ derart, daß

$$F_i \subset f^{-1}(U_i) \subset G_i \quad \text{und} \quad m(G_i - F_i) < \frac{\varepsilon}{2^i}$$

gilt. Setzen wir $E = \bigcup_{i=1}^{\infty} (G_i - F_i)$ , so gilt $m(E) < \varepsilon$ . Bezeichnet $g$ die Einschränkung von $f$ auf $R - E$ , so haben wir $g^{-1}(U_i) = f^{-1}(U_i) - E = F_i - E = G_i - E$ . Daher ist $g^{-1}(U_i)$ sowohl abgeschlossen als auch offen relativ zu $R - E$ , woraus sich die Stetigkeit von $g$ ergibt.

Besitzt umgekehrt $f$ die genannte Eigenschaft, so existiert eine Folge von Mengen $E_i$ mit $m(E_i) < \frac{1}{i}$ derart, daß die mit $f_i$ bezeichnete Restriktion von $f$ auf $R - E_i$ stetig ist. Zu jeder offenen Menge $U$ gibt es offene Mengen $G_i$ derart, daß $f_i^{-1}(U) = G_i - E_i$ , $i = 1, 2, \ldots,$ gilt. Setzen wir $E = \bigcap_{i=1}^{\infty} E_i$ , so ergibt sich

$$f^{-1}(U) - E = \bigcup_{i=1}^{\infty} (f^{-1}(U) - E_i) = \bigcup_{i=1}^{\infty} f_i^{-1}(U) \, .$$

Folglich ist

$$f^{-1}(U) = [f^{-1}(U) \cap E] \cup \bigcup_{i=1}^{\infty} (G_i - E_i) \, .$$

Alle auftretenden Mengen sind meßbar, da $m(E) = 0$ gilt. Somit ist $f$ meßbar. $\square$

Eine meßbare Funktion ist nicht notwendig stetig auf dem Komplement einer Nullmenge. Um dies zu sehen, konstruieren wir ein Beispiel wie folgt. Sei $U_1$, $U_2$, ... eine Basis für die Topologie von $R$. Da jedes Intervall eine nirgends dichte Menge von positivem Maß enthält, können wir induktiv eine Folge disjunkter nirgends dichter abgeschlossener Mengen $N_n$ konstruieren derart, daß $m(N_n) > 0$ und $N_{2n} \cup N_{2n-1} \subset U_n$, $n \geqslant 1$ gilt. Wir setzen $A = \bigcup_{n=1}^{\infty} N_{2n}$ und bezeichnen die Indikatorfunktion von $A$ mit $f$.

Da $A$ und $R - A$ ein positives Maß in jedem Intervall haben, ist die Restriktion von $f$ auf das Komplement einer beliebigen Nullmenge nirgends stetig.

Das folgende Resultat, das als Satz von EGOROFF bekannt ist, stellt eine Beziehung zwischen Konvergenz und gleichmäßiger Konvergenz her.

<u>Satz 8.3</u>

Konvergiert eine Folge meßbarer Funktionen $f_n$ gegen eine Funktion $f$ in allen Punkten einer Menge $E$ von endlichem Maß, dann existiert zu jedem $\varepsilon > 0$ eine Menge $F \subset E$ mit $m(F) < \varepsilon$ derart, daß $f_n$ auf $E - F$ gleichmäßig gegen $f$ konvergiert.

<u>Beweis</u>

Setzen wir für beliebige positive ganze Zahlen $n$ und $k$

$$E_{n,k} = \bigcup_{i=n}^{\infty} \{x \in E : |f_i(x) - f(x)| \geqslant \tfrac{1}{k}\} \, ,$$

so gilt $E_{n,k} \supset E_{n+1,k}$ und $\bigcap_{n=1}^{\infty} E_{n,k} = \emptyset$, $k \geqslant 1$. Ist $\varepsilon > 0$ vorgegeben, so existiert zu jeder positiven ganzen Zahl $k$ eine positive ganze Zahl $n(k)$ derart, daß

$m(E_{n(k),k}) < \dfrac{\varepsilon}{2^k}$ gilt. Wir setzen $F = \bigcup_{k=1}^{\infty} E_{n(k),k}$. Dann ist $m(F) < \varepsilon$. Für jedes

$k$ haben wir $E - F \subset E - E_{n(k),k}$. Daher gilt $|f_i(x) - f(x)| < \dfrac{1}{k}$ für alle $i \geqslant n(k)$ und für alle $x \in E - F$. Folglich konvergiert also $f_n$ gleichmäßig auf $E - F$ gegen $f$. $\Box$

Der Lusinsche Satz besitzt in Satz 8.1 ein sehr befriedigendes Kategorie-Analogon. Es ist interessant zu bemerken, daß das entsprechende Analogon zum Satz von EGOROFF falsch ist. Dies zeigt folgendes Beispiel.

Bezeichne $\varphi(x)$ die durch

$$\varphi(x) = \begin{cases} 2x & , \; 0 \leqslant x \leqslant \tfrac{1}{2} \\ 2 - 2x & , \; \tfrac{1}{2} \leqslant x \leqslant 1 \\ 0 & , \; \text{sonst} \end{cases}$$

auf $R$ definierte stückweise lineare stetige Funktion. Dann gilt $\lim_{n \to \infty} \varphi(2^n x) = 0$, $x \in R$.

Sei $\{r_i\}$ eine in R dicht liegende Folge; wir setzen

$$f_n(x) = \sum_{i=1}^{\infty} 2^{-i} \varphi \left(2^n(x - r_i)\right), \quad n \geqslant 1 \, .$$

Als Summe einer gleichmäßig konvergenten Reihe stetiger Funktionen ist $f_n$ stetig auf R und es gilt $\lim\limits_{n \to \infty} f_n(x) = 0$, $x \in R$ . Ist $(a, b)$ irgendein offenes Intervall, dann gilt für ein gewisses $i$ $r_i \in (a, b)$ , und wir haben $\sup\limits_{a < x < b} f_n(x) \geqslant \dfrac{1}{2^i}$ für alle hinreichend großen $n$ . Dies zeigt, daß $\{f_n\}$ auf $(a, b)$ nicht gleichmäßig konvergiert. Sei E eine beliebige Menge, auf der $\{f_n\}$ gleichmäßig konvergiert. Dies bedeutet, daß $\lim \alpha_n = 0$ gilt, falls wir $\alpha_n = \sup\limits_{x \in E} f_n(x)$ setzen. Da $f_n$ stetig ist, ist $\alpha_n$ auch das Supremum von $f_n$ auf $\overline{E}$ . Folglich konvergiert $f_n$ auf $\overline{E}$ gleichmäßig gegen 0 . Auf Grund dessen, was wir oben gezeigt haben, kann $\overline{E}$ kein Intervall enthalten. Somit ist jede Menge, auf der die Folge $\{f_n\}$ gleichmäßig konvergiert, nirgends dicht.

# Kapitel 9
## Metrische und topologische Räume

Die Nützlichkeit des Kategorie-Begriffs zeigt sich in vollem Umfang erst in allgemeineren topologischen Räumen, speziell in metrischen Räumen. Wir erinnern an die grundlegenden Definitionen.

Unter einem <u>metrischen Raum</u> versteht man eine Menge $X$ zusammen mit einer <u>Distanzfunktion</u> oder <u>Metrik</u> $\rho(x, y)$, die auf $X \times X$ definiert ist derart, daß folgende Bedingungen erfüllt sind:

(1) $\rho(x, y) \geqslant 0$, $\rho(x, x) = 0$;

(2) $\rho(x, y) = \rho(y, x)$;

(3) $\rho(x, z) \leqslant \rho(x, y) + \rho(y, z)$; (Dreiecksungleichung)

(4) $\rho(x, y) = 0$ implizert $x = y$.

Dieser (von FRÉCHET stammende) Begriff stellt die natürliche Verallgemeinerung einiger Eigenschaften der Distanz in einem euklidischen Raum von beliebiger Dimension dar. Viele Sätze der Analysis werden einfacher und durchsichtiger, wenn sie mit Hilfe einer geeigneten Metrik formuliert werden.

Eine Folge $\{x_i\}$ von Punkten eines metrischen Raumes $(X, \rho)$ heißt <u>konvergent gegen den Punkt</u> $x$ , wenn $\rho(x_n, x) \to 0$ für $n \to \infty$ gilt. Wir schreiben dann $x_n \to x$. Eine Folge heißt <u>konvergent</u>, wenn sie gegen einen gewissen Punkt von $X$ konvergiert. Die Menge $\{x : \rho(x_0, x) < r\}$, $r > 0$ , heißt die r-<u>Umgebung</u> von $x_0$ oder die <u>offene</u> <u>Kugel</u> vom Radius $r$ mit dem Mittelpunkt $x_0$ .

Eine Menge $G \subset X$ heißt <u>offen</u>, wenn $G$ für jedes $x \in G$ eine offene Kugel mit dem Mittelpunkt $x$ enthält. Offene Kugeln sind offene Mengen; beliebige Vereinigungen und endliche Durchschnitte offener Mengen sind offen. Eine Familie $\mathcal{T}$ von Teilmengen einer Menge $X$ derart, daß $\emptyset$, $X$, die Vereinigung einer beliebigen Teilfamilie von $\mathcal{T}$ und der Durchschnitt jeder endlichen Teilfamilie von $\mathcal{T}$ wieder zu $\mathcal{T}$ gehören, heißt <u>Topologie</u> in $X$ ; das Paar $(X, \mathcal{T})$ heißt dann <u>topologischer</u> <u>Raum</u>. Eine Teilfamilie $\mathcal{T}_0 \subset \mathcal{T}$ heißt <u>Basis</u> der Topologie $\mathcal{T}$ , falls jede Menge aus $\mathcal{T}$ Vereinigung von Mengen aus $\mathcal{T}_0$ ist. Die offenen Teilmengen eines beliebigen metrischen Raumes $X$ bilden eine Topologie in $X$ , aber nicht jede Topologie läßt sich in dieser Form darstellen.

Ein metrischer Raum heißt <u>separabel</u>, wenn er eine höchstens abzählbare dichte Teilmenge, oder, äquivalent, eine höchstens abzählbare Basis besitzt. Zwei Metriken einer Menge $X$ heißen <u>topologisch äquivalent</u>, wenn sie dieselbe Topologie definieren. Sehr oft interessiert man sich primär für die topologische Struktur eines metrischen Raumes, während die Metrik selbst von sekundärer Bedeutung ist. Jede Eigenschaft, die sich lediglich mit Hilfe von offenen Mengen definieren läßt, ist eine topologische Eigenschaft. Beispielsweise ist die Konvergenz eine topologische Eigenschaft, da $x_n \to x$ genau dann gilt, wenn jede offene, $x$ enthaltende Menge fast alle Glieder der Folge enthält. Das Komplement einer offenen Menge heißt $\underline{abgeschlossen}$. In einem metrischen Raum $X$ ist eine Menge $F$ genau dann abgeschlossen, wenn aus $\{x_n\} \subset F$ und $x_n \to x$  $x \in F$ folgt. Die kleinste abgeschlossene Menge, in der eine Menge $A$ enthalten ist, heißt die $\underline{abgeschlossene}$ $\underline{Hülle}$ von $A$ ; sie wird mit $\overline{A}$ oder $A^-$ bezeichnet. Ähnlich heißt die größte offene Menge, die in $A$ enthalten ist, das $\underline{Innere}$ von $A$ ; es ist gleich $A'^{-'}$ . $A$ heißt $\underline{Umgebung}$ von $x$ , wenn $x$ zum Inneren von $A$ gehört. Eine Menge $A$ heißt $\underline{dicht}$ (in $X$) , wenn $\overline{A} = X$ gilt, d.h. wenn jede nichtleere offene Menge mindestens einen Punkt von $A$ enthält. Eine Menge $A$ heißt $\underline{nirgends}$ $\underline{dicht}$, wenn das Innere ihrer abgeschlossenen Hülle leer ist, d.h. wenn es zu jeder nichtleeren offenen Menge $G$ eine nichtleere offene Menge $H$ gibt, die in $G - A$ enthalten ist. Eine Menge heißt von 1.$\underline{Ka}$-$\underline{tegorie}$, wenn sie sich als abzählbare Vereinigung von nirgends dichten Mengen darstellen läßt; andernfalls heißt sie von 2.$\underline{Kategorie}$. $F_\sigma$-Mengen, $G_\delta$-Mengen, Borelsche Mengen und Mengen mit der Baireschen Eigenschaft werden genau wie früher definiert. Sämtliche genannten Familien stellen topologische Eigenschaften von Mengen dar, so daß sich diese Definitionen auf beliebige topologische Räume übertragen.

Eine Abbildung $f$ eines topologischen Raumes $X$ in einen topologischen Raum $Y$ heißt $\underline{stetig}$ $\underline{im}$ $\underline{Punkt}$ $x_0$, wenn es zu jeder $f(x_0)$ enthaltenden offenen Menge $V$ eine Umgebung $U$ von $x_0$ gibt derart, daß $f(x) \in V$ für jedes $x \in U$ gilt. Eine Abbildung $f : X \to Y$ heißt $\underline{stetig}$, wenn sie stetig in jedem Punkt aus $X$ ist. Eine eineindeutige Abbildung $f$ von $X$ auf $Y$ heißt $\underline{Homöomorphismus}$, wenn $f$ und $f^{-1}$ stetig sind. Existiert eine derartige Abbildung, so heißen $X$ und $Y$ $\underline{homöomorph}$ oder $\underline{topologisch}$ $\underline{äquivalent}$ . Zwei Metriken $\rho$ und $\sigma$ in einer Menge $X$ sind genau dann topologisch äquivalent, wenn die identische Abbildung von $X$ auf sich ein Homöomorphismus von $(X, \rho)$ auf $(X, \sigma)$ ist. Dazu ist notwendig und hinreichend, daß $\rho(x_n, x) \to 0$ äquivalent ist zu $\sigma(x_n, x) \to 0$.

Eine Folge von Punkten $x_n$, $n \geqslant 1$ , in einem metrischen Raum heißt $\underline{Cauchy\text{-}Folge}$, wenn es zu jedem $\varepsilon > 0$ eine positive ganze Zahl $n$ derart gibt, daß $\rho(x_i, x_j) < \varepsilon$ gilt für alle $i, j \geqslant n$ . Jede konvergente Folge ist eine Cauchy-Folge, während die Umkehrung i.a. nicht gilt. Es existiert jedoch eine wichtige Klasse von Räumen, in denen jede Cauchy-Folge konvergiert; solche Räume heißen $\underline{vollständig}$. Z.B. ist die Zahlengerade vollständig bezüglich der üblichen Metrik $\rho(x, y) = |x - y|$ . Es ist wichtig zu beachten, daß die Vollständigkeit keine topologische Eigenschaft ist und daß die Familie der Cauchy-Folgen (anders als die Familie der konvergenten Folgen) nicht invariant gegenüber Homöomorphismen ist. Z.B. ist die Abbildung, die $x$ in arctg $x$ überführt, ein Homöomorphismus der Zahlengeraden $X$ auf das offene Intervall $Y = \left( -\frac{\pi}{2}, +\frac{\pi}{2} \right)$ . Hierbei ist $X$ vollständig, während $Y$ nicht vollständig ist. Die Folge

48

$\{y_n\}$ mit $y_n$ = arctg $n$ , $n \geqslant 1$ , ist Cauchy-Folge in $Y$ , während die Folge $\{x_n\}$ mit $x_n$ = $n$ , $n \geqslant 1$ , keine Cauchy-Folge in $X$ ist.

Ein metrischer Raum $(X, \rho)$ heißt <u>topologisch vollständig</u>, wenn er homöomorph zu einem gewissen vollständigen (metrischen) Raum ist. Ist $f$ ein Homöomorphismus von $(X, \rho)$ auf einen vollständigen Raum $(Y, \sigma)$ , dann wird durch $\tilde{\rho}(x, y) =$ $= \sigma(f(x), f(y))$ , $x, y \in X$ , eine zu $\rho$ topologisch äquivalente Metrik in $X$ definiert. Ein metrischer Raum ist somit vollständig genau dann, wenn er sich (mit Hilfe einer topologisch äquivalenten Metrik) so ummetrisieren läßt, daß er vollständig wird. Eine wichtige Eigenschaft derartiger Räume ist, daß in ihnen noch der Bairesche Kategorie-Satz gilt.

<u>Satz 9.1</u>

Ist $X$ ein topologisch vollständiger metrischer Raum und ist $A$ von 1.Kategorie in $X$, so ist $X - A$ dicht in $X$ .

<u>Beweis</u>

Sei $A = \cup A_n$ , worin $A_n$ nirgends dicht ist, $n \geqslant 1$ ; sei $\rho$ eine Metrik, bezüglich der $X$ vollständig ist, und sei $S_0$ eine nichtleere offene Menge. Wir wählen eine Folge von ineinandergeschachtelten Kugeln $S_n$ vom Radius $r_n < \frac{1}{n}$ derart, daß $\bar{S}_n \subset S_{n-1} - A_n$ , $n \geqslant 1$ , gilt. Dies läßt sich sukzessiv dadurch tun, daß man für $S_n$ eine offene Kugel mit hinreichend kleinem Radius wählt, deren Mittelpunkt $x_n$ in $S_{n-1} - \bar{A}_n$ liegt. ($S_{n-1} - \bar{A}_n$ ist nichtleer, da $\bar{A}_n$ nirgends dicht ist.) Dann ist $\{x_n\}$ eine Cauchy-Folge, da $\rho(x_i, x_j) \leqslant \rho(x_i, x_n) + \rho(x_n, x_j) < 2r_n$ , $i, j \geqslant n$ , gilt. Daher haben wir $x_n \to x$ für ein gewisses $x \in X$ . Da $x_i \in \bar{S}_n$ , $i \geqslant n$ , gilt, ergibt sich $x \in \cap \bar{S}_n \subset S_0 - A$ . Dies zeigt, daß $X - A$ dicht in $X$ ist. $\square$

Ein topologischer Raum heißt <u>Bairescher Raum</u>, wenn jede nichtleere offene Menge $X$ von 2.Kategorie ist, oder gleichwertig, wenn das Komplement jeder Menge von 1.Kategorie dicht ist. In einem Baireschen Raum heißt das Komplement einer Menge von 1.Kategorie eine <u>Residual-Menge</u>.

<u>Satz 9.2</u>

In einem Baireschen Raum $X$ ist eine Menge $E$ genau dann eine Residual-Menge, wenn $E$ eine dichte $G_\delta$-Menge von $X$ enthält.

<u>Beweis</u>

Sei $B = \cap G_n$, $G_n$ offen, $n \geqslant 1$ , eine $G_\delta$-Teilmenge von $E$ , die dicht in $X$ ist. Jedes $G_n$ ist dann dicht und $X - E \subset X - B = \cup(X - G_n)$ ist von 1.Kategorie. Gilt umgekehrt $X - E = \cup A_n$, wobei $A_n$ nirgends dicht ist, $n \geqslant 1$ , so setzen wir $B = $ $= \cap(X - \bar{A}_n)$ . Dann ist $B$ eine in $E$ enthaltene $G_\delta$-Menge. Ihr Komplement $X - B =$ $= \cup \bar{A}_n$ ist von 1.Kategorie. Da $X$ ein Bairescher Raum ist, folgt, daß $B$ dicht in $X$ ist. $\square$

# Kapitel 10
## Beispiele für metrische Räume

Bezeichne  C  oder  C[a, b]  die Menge aller reellwertigen, auf dem Intervall  [a, b]
definierten stetigen Funktionen. Wir setzen

$$\rho\,(f,\ g) = \sup_{a \leqslant x \leqslant b}\ |f(x) - g(x)|\ .$$

Man verifiziert leicht, daß  $\rho$  eine Metrik in  C  ist; insbesondere ergibt sich die Drei-
eckungleichung aus der Tatsache, daß

$$|f(x) - h(x)| \leqslant |f(x) - g(x)| + |g(x) - h(x)| \leqslant \rho\,(f,\ g) + \rho\,(g, h),\ x \in [a, b]\ ,$$

gilt. Konvergenz bezüglich dieser Metrik bedeutet gleichmäßige Konvergenz auf  [a, b].
Aus diesem Grund heißt  $\rho$  auch <u>Metrik</u> der <u>gleichmäßigen Konvergenz</u>.
Sei  $\{f_n\}$  eine beliebige Cauchy-Folge in  C , wobei etwa  $\rho\,(f_i,\ f_j) \leqslant \varepsilon$, i, j $\geqslant n(\varepsilon)$,
gelte. Dann haben wir  $|f_i(x) - f_j(x)| \leqslant \varepsilon$ , i, j $\geqslant n(\varepsilon)$, $a \leqslant x \leqslant b$ . Daher ist die Folge
$\{f_n(x)\}$  für jedes  $x \in [a, b]$  eine Cauchy-Folge reeller Zahlen. Sie konvergiert dem-
nach gegen einen Grenzwert, den wir mit  f(x)  bezeichnen wollen. Wir sehen, daß für
$j \to \infty$ $|f_i(x) - f(x)| \leqslant \varepsilon$ , $i \geqslant n(\varepsilon)$, $x \in [a, b]$ gilt. Folglich konvergiert  $f_i$  gleichmäßig
auf  [a, b]  gegen f. Nach einem bekannten Satz ist  f  stetig auf  [a, b]. Daher gilt
$f_i \to f$  in  C. Dies zeigt, daß der Raum  $(C, \rho)$  vollständig ist.
Wir betrachten nun dieselbe Menge  C , nehmen jedoch als Metrik die durch

$$\sigma\,(f,\ g) = \int_a^b |f(x) - g(x)|\ dx,\ f, g \in C$$

definierte Funktion. Es ist leicht zu zeigen, daß alle Axiome einer Metrik erfüllt sind.
Um einzusehen, daß diese Metrik nicht topologisch äquivalent zu  $\rho$  ist, setzen wir
$f_n(x) = \max\,(1 - n(x - a),\ 0)$, $n \geqslant 1$ , und nehmen für  f  die identisch verschwindende
Funktion. Dann gilt  $\sigma\,(f_n,\ f) = \dfrac{1}{2n}$ , $n > \dfrac{1}{b-a}$ , aber  $\rho\,(f_n,\ f) = 1$, $n \geqslant 1$ . Somit haben
wir  $f_n \to f$  in  $(C, \sigma)$ , jedoch nicht in  $(C, \rho)$ , so daß diese beiden Räume nicht
homöomorph sind.
Um einzusehen, daß  $(C, \sigma)$  nicht vollständig ist, nehmen wir für  [a, b]  das Intervall  [ 0 , 1 ]  und setzen

$$f_n(x) = \begin{cases} \min(1,\, 1/2 - n(x - 1/2)), & x \in [0, 1/2], \\ \max(0,\, 1/2 - n(x - 1/2)), & x \in [1/2, 1]. \end{cases}$$

Die Betrachtung des Graphen dieser Funktion zeigt, daß

$$\sigma(f_n, f_m) = \frac{1}{4} \left| \frac{1}{n} - \frac{1}{m} \right|$$

gilt. $\{f_n\}$ ist somit eine Cauchy-Folge. Wir nehmen an, daß ein $f \in C$ mit $\sigma(f_n, f) \to 0$ für $n \to \infty$ existiert. Dann ist

$$\sigma(f_n, f) \geq \int_0^{\frac{1}{2} - \frac{1}{2n}} |1 - f(x)|\, dx + \int_{\frac{1}{2} + \frac{1}{2n}}^{1} |f(x)|\, dx \ .$$

Für $n \to \infty$ ergibt sich daraus

$$\int_0^{1/2} |1 - f(x)|\, dx = \int_{1/2}^{1} |f(x)|\, dx = 0 \ .$$

Da $f$ stetig ist, muß $f(x) = 1$ aus $[0, 1/2]$ und $f(x) = 0$ auf $[1/2, 1]$ gelten, was unmöglich ist.

Als nächstes betrachten wir die Menge $R[a, b]$ der über $[a, b]$ im Riemannschen Sinne integrierbaren Funktionen mit derselben Metrik $\sigma$ . Hier stoßen wir auf eine Schwierigkeit, da das vierte Axiom nicht erfüllt ist. Eine Menge $X$ mit einer Distanzfunktion, die nur den ersten drei Axiomen einer Metrik genügt, heißt <u>pseudo-metrischer</u> Raum. Aus einem derartigen Raum läßt sich stets dadurch ein metrischer Raum erzeugen, daß man Punkte $x$ und $y$ identifiziert, für die $\rho(x, y) = 0$ gilt. Man verifiziert leicht, daß dies eine Äquivalenzrelation in $X$ definiert und daß der Wert von $\rho(x, y)$ nur von den Äquivalenzklassen abhängt, denen $x$ und $y$ angehören. Nehmen wir diese Klassen als Elemente einer Menge $\tilde{X}$ , so ist $(\tilde{X}, \rho)$ ein metrischer Raum. Identifizieren wir insbesondere zwei Elemente aus $R[a, b]$ die sich um eine <u>Nullfunktion</u> unterscheiden, d.h. um eine Funktion $f$ , für die $\int_a^b |f(x)|\, dx = 0$ gilt, so erhalten wir einen metrischen Raum $(\tilde{R}, \sigma)$ , der der <u>Raum der über</u> $[a, b]$ R-<u>integrierbaren Funktionen</u> heißt. Bezeichne $\tilde{f}$ die Äquivalenzklasse, der $f$ angehört. Die Abbildung $f \to \tilde{f}$ von $(C, \sigma)$ in $(R, \sigma)$ ist distanztreu. Somit enthält $(\tilde{R}, \sigma)$ eine Teilmenge, die <u>isometrisch</u> zu $(C, \sigma)$ ist. Es handelt sich um eine echte Teilmenge, denn ist $f$ die Indikatorfunktion des Intervalls $\left[a, \frac{a+b}{2}\right]$ , so gehört $\tilde{f}$ zu $\tilde{R}$ , aber kein Element aus $\tilde{f}$ ist stetig. Für jede positive ganze Zahl $M$ setzen wir

$$E_M = \{f : f \in R\,[a,\,b] \quad \text{und} \quad |f| \leqslant M\} \ .$$

Da jede integrierbare Funktion beschränkt ist, gilt $\tilde{R} = \bigcup\limits_{M=1}^{\infty} E_M$ . Für jedes $\tilde{f}_0 \in E_M$ mit

$|f_0| \leqslant M$ setzen wir $g = f_0 + (2M + 1)\,\chi_I$ , worin $\chi_I$ die Indikatorfunktion eines in $[a,\,b]$ enthaltenen Intervalls $I$ der Länge $\varepsilon$ bezeichne. Dann gilt $\sigma(\tilde{f}_0,\,\tilde{g}) = (2M + 1)\,\varepsilon$. Ist $|f| \leqslant M$ , dann haben wir $|g - f| \geqslant 1$ auf $I$ und somit $\sigma(\tilde{f},\tilde{g}) \geqslant \varepsilon$ . Folglich gehört kein Element der $\varepsilon$-Umgebung von $\tilde{g}$ zu $E_M$. Da sich $\tilde{g}$ beliebig nahe an $\tilde{f}_0$ wählen läßt, zeigt dies, daß $E_M$ nirgends dicht in $\tilde{R}$ ist. $\tilde{R}$ ist also von 1.Kategorie in sich. Es folgt, daß $\tilde{R}$ nicht vollständig ist. Darüber hinaus existiert keine zur ursprünglichen Metrik topologisch äquivalente Metrik, bezüglich der $R$ vollständig ist, da die Kategorie eine topologische Eigenschaft ist.

Als letztes Beispiel betrachten wir die Familie $S$ der Mengen von endlichem Maß in einem beliebigen Maßraum und setzen

$$\rho(E,\,F) = m(E \triangle F).$$

Die ersten beiden Axiome einer Metrik sind sicher erfüllt, und es gilt die Dreiecksungleichung wegen

$$\rho(E,\,H) = m(E \triangle H) = m((E \triangle F) \triangle (F \triangle H)) \leqslant m(E \triangle F) + m(F \triangle H) =$$

$$= \rho(E,\,F) + \rho(F,\,H) \ .$$

Das vierte Axiom gilt, wenn wir Mengen, die sich durch eine Nullmenge unterscheiden, identifizieren. Hierdurch gelangen wir zu einem metrischen Raum $(\tilde{S},\,\rho)$. Um zu zeigen, daß dieser Raum vollständig ist, betrachten wir eine Cauchy-Folge $\{\tilde{E}_n\}$ in $(\tilde{S},\rho)$. Dann existiert zu jeder positiven ganzen Zahl $i$ ein Index $n_i$ derart, daß wir $\rho(E_n,\,E_m) < 1/2^i$ , $n,\ m \geqslant n_i$, haben, wobei wir annehmen können, daß $n_i < n_{i+1}$ , $i \geqslant 1$, gilt. Setzen wir $F_i = E_{n_i}$, so ist $\rho(F_i,\,F_j) < 1/2^i$, $j > i$. Wir setzen

$$H_i = \bigcap\limits_{j=i}^{\infty} F_j \ , \quad E = \bigcup\limits_{i=1}^{\infty} H_i \ , \quad i \geqslant 1 \ .$$

Diese Mengen gehören sämtlich zu $S$; $E$ ist die Menge aller Punkte, die zu fast allen Mengen der Familie $\{F_i\}$ gehören. Man zeigt leicht, daß für $i \geqslant 1$ die Mengen $E \triangle H_i$, $H_i \triangle F_i$ und daher auch $E \triangle F_i$ sämtlich in der Menge

$$(F_i \triangle F_{i+1}) \cup (F_{i+1} \triangle F_{i+2}) \cup (F_{i+2} \triangle F_{i+3}) \cup \cdots$$

enthalten sind. Wir haben daher

$$m(E \triangle F_i) \leqslant \sum\limits_{j=i}^{\infty} m(F_j \triangle F_{j+1}) < \sum\limits_{j=i}^{\infty} \frac{1}{2^j} = \frac{1}{2^{i-1}} \ .$$

Für jedes $n \geqslant n_i$ gilt

$$m(E \bigtriangleup E_n) = m((E \bigtriangleup F_i) \bigtriangleup (E_{n_i} \bigtriangleup E_n)) \leqslant m(E \bigtriangleup F_i) + m(E_{n_i} \bigtriangleup E_n) < \frac{1}{2^{i-1}} + \frac{1}{2^i} \ .$$

Die Folge $\tilde{E}_n$ konvergiert also im Raum $(\tilde{S}, \rho)$ gegen $\tilde{E}$.

Wir bemerken, daß der Raum $(\tilde{S}, \rho)$ eine zu $(\tilde{R}, \sigma)$ isometrische Teilmenge enthält, wenn man für $m$ das zweidimensionale Lebesguesche Maß in der Ebene nimmt. Für jede auf $[a, b]$ definierte reellwertige Funktion $f$ bezeichne $\varphi(f)$ ihre <u>Ordinaten-menge</u>, d.h. die Menge

$$\varphi(f) = \{(x, y) : a \leqslant x \leqslant b , \ 0 \leqslant y \leqslant f(x) \ \text{oder} \ f(x) \leqslant y \leqslant 0\} \ .$$

Man zeigt leicht, daß für beliebige $f, g \in R[a, b]$

$$\int_a^b |f - g| = m(\varphi(f) \bigtriangleup \varphi(g))$$

gilt. Dies impliziert, daß $\varphi$ äquivalente Funktionen in äquivalente Mengen abbildet und somit eine isometrische Einbettung von $(\tilde{R}, \sigma)$ in $(\tilde{S}, \rho)$ definiert. Die abge-schlossene Hülle von $\varphi(\tilde{R})$ in $(\tilde{S}, \rho)$ läßt sich mit dem Raum $L^1$ der über $[a, b]$ Lebesgue-integrierbaren Funktionen identifizieren. Dies dürfte kaum der einfachste Weg für die Einführung der Lebesgueschen Integration sein, aber man erhält so eine der Motivierungen für die Vergrößerung der Klasse der integrierbaren Funktionen. Da der Raum $(\tilde{R}, \sigma)$ von 1.Kategorie in sich ist, ist er in jedem Raum, der ihn topo-logisch enthält, von 1.Kategorie. Speziell ist $\tilde{R}$ von 1.Kategorie im Raum der Lebes-gue-integrierbaren Funktionen (vgl. [23]) .

# Kapitel 11
# Nirgends differenzierbare Funktionen

Man kennt viele Beispiele für nirgends differenzierbare Funktionen, die zum ersten Mal von WEIERSTRASS konstruiert wurden. Einer der einfachsten Existenzbeweise stammt von BANACH [18, S.327]. Er beruht auf der Kategorie-Methode. BANACH zeigte, daß im Sinne der Kategorie fast alle stetigen Funktionen nirgends differenzierbar sind. In der Tat besitzen stetige Funktionen nur in Ausnahmefällen irgendwo in einem Intervall eine endliche einseitige Ableitung oder auch nur beschränkte einseitige Differenzenquotienten.

In dem mit der Metrik der gleichmäßigen Konvergenz versehenen Raum $C$ der auf $[\,0\,,\,1\,]$ stetigen Funktionen bezeichne $E_n$ die Menge derjenigen Funktionen $f$, für für die ein $x \in [\,0\,,\,1 - 1/n\,]$ existiert derart, daß die Ungleichung $|f(x+h) - f(x)| \leqslant$ $\leqslant nh$ für alle $0 < h < 1 - x$ gilt. Um zu zeigen, daß $E_n$ abgeschlossen ist, betrachten wir ein beliebiges $f$ aus der abgeschlossenen Hülle von $E_n$ und nehmen an, daß $\{f_k\}$ eine in $E_n$ enthaltene Folge ist, die gegen $f$ konvergiert. Es existiert eine zugehörige Folge von Zahlen $x_k$ derart, daß wir für jedes $k$

$$(1) \qquad\qquad 0 \leqslant x_k \leqslant 1 - \frac{1}{n}$$

und

$$(2) \qquad\qquad |f_k(x_k + h) - f_k(x_k)| \leqslant nh, \quad 0 < h < 1 - x_k$$

haben. Wir dürfen weiter voraussetzen, daß

$$(3) \qquad\qquad x_k \to x \ \text{ für ein gewisses } \ x \in [\,0\,,\,1 - \frac{1}{n}\,]$$

gilt, da dies sicher zutrifft, wenn wir $\{f_k\}$ durch eine geeignete Teilfolge ersetzen. Für ein $h$ mit $0 < h < 1 - x$, gilt die Ungleichung $0 < h < 1 - x_k$ für alle hinreichend großen $k$, woraus sich

$$|f(x+h) - f(x)| \leqslant |f(x+h) - f(x_k+h)| + |f(x_k+h) - f_k(x_k+h)| + |f_k(x_k+h) - f_k(x_k)| +$$

$$+ |f_k(x_k) - f(x_k)| + |f(x_k) - f(x)| \leqslant |f(x+h) - f(x_k+h)| + \rho(f, f_k) + nh + \rho(f_k, f) +$$

$$+ |f(x_k) - f(x)|$$

ergibt. Lassen wir $k$ gegen $\infty$ streben und benutzen, daß $f$ stetig in den Punkten $x$ und $x + h$ ist, so erhalten wir

$$|f(x + h) - f(x)| \leq nh \ \text{für alle } h \ , \ 0 < h < 1 - x \ .$$

Folglich gehört $f$ zu $E_n$.

Jede auf $[0, 1]$ stetige Funktion läßt sich gleichmäßig und beliebig genau durch eine stückweise lineare stetige Funktion $g$ approximieren. Um zu zeigen, daß $E_n$ nirgends dicht in $C$ ist, genügt es nachzuweisen, daß es zu jeder derartigen Funktion $g$ und zu jedem $\varepsilon > 0$ eine Funktion $h \in C - E_n$ derart gibt, daß $\rho(g, h) \leq \varepsilon$ gilt. Sei $M$ das Maximum der Absolutbeträge der Steigungen der linearen Abschnitte, die den Graphen von $g$ bilden; man wähle eine ganze Zahl $m$ derart, daß $m\varepsilon > n + M$ gilt. Wir bezeichnen mit $\varphi$ die durch $\varphi(x) = \min(x - [x], [x] + 1 - x)$ (dies ist gleich dem Abstand zwischen $x$ und der nächstgelegenen ganzen Zahl) definierte "Sägezahn"- Funktion und setzen $h(x) = g(x) + \varepsilon\varphi(mx)$. Die Funktion $h$ besitzt dann in jedem Punkt von $[0, 1)$ eine rechtsseitige Ableitung, deren Betrag größer als $n$ ist. Dies ist leicht einzusehen, da $\varepsilon\varphi(mx)$ überall in $[0, 1)$ eine rechtsseitige Ableitung besitzt, deren Wert gleich $\pm \varepsilon m$ ist, während $g$ eine rechtsseitige Ableitung besitzt, deren absoluter Wert höchstens gleich $M$ ist. Folglich gilt $h \in C - E_n$ . Wegen $\rho(g, h) =$ $= \varepsilon / 2$ ist $E_n$ nirgends dicht in $C$ , und die Menge $E = \cup E_n$ ist somit von 1.Kategorie in $C$ . $E$ ist die Menge aller stetigen Funktionen, die in einem gewissen Punkt von $[0, 1)$ beschränkte rechtsseitige Differenzenquotienten besitzen. Ähnlich ist die Menge aller Funktionen, die in einem gewissen Punkt von $(0, 1]$ beschränkte links- seitige Differenzenquotienten besitzen, von 1.Kategorie; dies läßt sich in der Tat aus dem oben Gezeigten dadurch herleiten, daß man die auf $C$ vermöge $x \to 1 - x$ definierte Isometrie betrachtet. Die Vereinigung der beiden genannten Mengen enthält folglich sämtliche Funktionen aus $C$ , die jeweils eine endliche einseitige Ableitung in einem gewissen Punkt in $[0, 1]$ besitzen.

Eine ähnliche Überlegung zeigt, daß die Menge der Funktionen aus $C$, die nirgends eine unendliche zweiseitige Ableitung besitzen, eine Residual-Menge ist. Man kann sich fragen, ob es möglich ist, sogar einen Schritt weiter zu gehen und eine stetige Funktion zu finden, die nirgends eine endliche oder unendliche einseitige Ableitung be- sitzt. Eine derartige im strengen Sinne nirgends differenzierbare Funktion wurde zum ersten Mal im Jahre 1922 von BESICOVITCH konstruiert. Es ist jedoch bemerkens- wert, daß die Existenz derartiger Funktionen nicht mit Hilfe der Kategorie-Methode bewiesen werden kann; SAKS zeigte im Jahre 1932, daß die Menge aller derartigen Funktionen lediglich von 1. Kategorie in $C$ ist! Genauer bewies SAKS, daß die Menge aller stetigen Funktionen, die eine rechtsseitige Ableitung mit dem Wert $+ \infty$ in über- abzählbar vielen Punkten besitzen, eine Residual-Menge bildet. (Wegen weiterer Hin- weise vgl. [18, S. 327].)

Die Benutzung des Baireschen Kategorie-Satzes zum Beweis dafür, daß eine Menge nichtleer ist, läuft auf einen Beweis der Tatsache hinaus, daß sich ein Element der

Menge als Grenzwert einer geeignet konstruierten Folge definieren läßt. Z.B. impliziert der obige Beweis, daß sich eine nirgends differenzierbare Funktion als Summe einer gleichmäßig konvergenten Reihe der Form $\sum_{n=1}^{\infty} \varepsilon_n \varphi(m_n x)$ darstellen läßt. Der Vorzug der Kategorie-Methode liegt darin, daß sie eine ganze Klasse von Beispielen (und nicht lediglich eines) liefert und daß sie i.a. das Problem insofern vereinfacht, als sie eine Konzentration auf die wesentlichen Schwierigkeiten erlaubt. Läßt sie sich mit Erfolg anwenden, so kann man stets ein Beispiel durch sukzessive Approximation konstruieren, wobei man irgendwo im Raum beginnt. Dies ist zumindest im Prinzip richtig. Verläuft der Beweis dafür, daß eine gewisse Menge nirgends dicht ist, jedoch indirekt, oder ist er lang und verwickelt, so kann es schwierig sein, auf diese Weise ein explizites Beispiel zu erhalten.

# Kapitel 12

# Der Satz von ALEXANDROFF

Jede nichtleere Teilmenge eines metrischen Raumes ist selbst ein metrischer Raum
mit derselben Distanzfunktion. Es ist klar, daß jede abgeschlossene Teilmenge eines
vollständigen metrischen Raumes vollständig bezüglich derselben Metrik ist. Wann
läßt sich ein Teilraum (mit Hilfe einer topologisch äquivalenten Metrik) ummetrisieren,
so daß er vollständig ist? Diese Frage beantwortet der folgende

<u>Satz 12.1</u> (ALEXANDROFF)
Jede nichtleere $G_\delta$-Teilmenge eines vollständigen metrischen Raumes ist topologisch
vollständig, d.h. sie läßt sich derart ummetrisieren, daß sie vollständig ist.

KURATOWSKI (1955) folgend beweisen wir diesen Satz mit Hilfe des folgenden

<u>Lemma 12.2</u> [18, S.316]
Sei $(X, \rho)$ ein metrischer Raum. Es existiere eine Folge $\{f_i\}$ reellwertiger, auf $X$
definierter stetiger Funktionen derart, daß eine Cauchy-Folge $\{x_n\}$ konvergent ist,
wenn jede der Folgen $\{f_1(x_n)\}$, $\{f_2(x_n)\}$, ... beschränkt ist. Dann läßt sich die
Menge $X$ derart ummetrisieren, daß sie vollständig ist.

<u>Beweis</u>
Wir definieren durch

$$\sigma(x, y) = \rho(x, y) + \sum_{i=1}^{\infty} \frac{1}{2^i} \, \min\left(1, |f_i(x) - f_i(y)|\right)$$

eine neue Distanzfunktion. Um zu zeigen, daß die Dreiecksungleichung gilt, genügt es
zu beachten, daß sie von jedem Term erfüllt wird. Die anderen Axiome gelten offensichtlich.
Zu jedem $\varepsilon > 0$ und zu jedem $x \in X$ existieren eine ganze Zahl $N$ derart, daß $2^{-N} < \varepsilon$
gilt, sowie ein $\delta < \varepsilon$ derart, daß $|f_i(x) - f_i(y)| < \varepsilon$, $i = 1, 2, \ldots, N$, aus $\rho(x, y) <$
$< \delta$ folgt. Wir haben

$$\sigma(x, y) < \varepsilon + \sum_{i=1}^{N} \frac{1}{2^i} |f_i(x) - f_i(y)| + \frac{1}{2^N} < 3\varepsilon,$$

falls nur $\rho(x, y) < \delta$ ist. Daher impliziert $\rho(x, x_n) \to 0$ $\sigma(x, x_n) \to 0$. Das Umgekehrte ergibt sich wegen $\rho(x, y) \leqslant \sigma(x, y)$ . Folglich sind $\sigma$ und $\rho$ äquivalente Metriken.

Um die Vollständigkeit von $(X, \sigma)$ nachzuweisen, sei $\{x_n\}$ eine Cauchyfolge bezüglich $\sigma$. Zu jeder positiven ganzen Zahl $i$ existiert dann eine ganze Zahl $N$ derart, daß $\sigma(x_n, x_m) < 1/2^i$ für alle $n, m \geqslant N$ gilt. Für alle $n, m \geqslant N$ haben wir

$$1 > 2^i \sigma(x_n, x_m) \geqslant \min (1, |f_i(x_n) - f_i(x_m)|) ,$$

und daher

$$|f_i(x_n) - f_i(x_m)| < 1 .$$

Die Folge $\{f_i(x_n)\}$ ist daher für jedes $i$ beschränkt. Wegen $\rho(x, y) \leqslant \sigma(x, y)$ ist $\{x_n\}$ auch bezüglich $\rho$ eine Cauchyfolge. Auf Grund der Voraussetzung ist also die Folge $\{x_n\}$ konvergent. $\square$


Beweis von Satz 12.1

Sei $X$ eine nichtleere $G_\delta$-Teilmenge eines vollständigen metrischen Raumes $(Y, \rho)$ ; es gelte etwa $X = \cap G_i$, $G_i$ offen in $Y$. Wir setzen $F_i = Y - G_i$ und

$$d(x, F_i) = \inf \{\rho(x, y) : y \in F_i\} .$$

Wir dürfen annehmen, daß jede der Mengen $F_i$ nichtleer ist. Dann ist $d(x, F_i)$ eine reellwertige stetige Funktion auf $Y$, die positiv auf $X$ ist. Die Funktionen $f_i(x) = \frac{1}{d(x, F_i)}$, $i = 1, 2, \ldots$, genügen den Voraussetzungen von Lemma 12.2. Ist nämlich $\{x_n\}$ eine Cauchyfolge von Punkten aus $X$ und ist die Folge $\{f_i(x_n)\}$ für jedes $i$ beschränkt, so konvergiert $\{x_n\}$ in $Y$ gegen einen gewissen Punkt $y$, da $Y$ vollständig ist. Der Punkt $y$ kann nicht zu $F_i$ gehören, da sonst bei festem $i$ die Folge $f_i(x_n)$ wegen $f_i(x_n) \geqslant \frac{1}{\rho(x_n, y)}$ unbeschränkt wäre. Folglich gilt $y \in G_i$ für jedes $i$ , d.h. wir haben $y \in X$. Die Folge $\{x_n\}$ ist demnach konvergent im Teilraum $X$ . Auf Grund von Lemma 12.2 läßt sich die Menge $X$ daher so ummetrisieren, daß sie vollständig ist. $\square$


Es gilt auch die Umkehrung des Satzes von Alexandroff in der folgenden Form.


Satz 12.3

Ist eine Teilmenge $X$ eines metrischen Raumes $(Z, \rho)$ homöomorph zu einem vollständigen metrischen Raum $(Y, \sigma)$, so ist $X$ eine $G_\delta$-Teilmenge von $Z$ .

58

**Beweis**

Sei $f$ ein Homöomorphismus von $X$ auf $Y$. Zu jedem $x \in X$ und zu jedem $n$ existiert eine positive Zahl $\delta(x, n)$ derart, daß aus $\rho(x, x') < \delta(x, n)$ stets $\sigma(f(x), f(x')) < 1/n$ folgt. Wir dürfen annehmen, daß $\delta(x, n) < 1/n$ für alle $x \in X$ und $n \geqslant 1$ gilt. Sei $G_n$ die Vereinigung aller offenen Kugeln in $Z$ mit dem Mittelpunkt $x$ und dem Radius $\frac{1}{2}\delta(x, n)$ bei festem $n$, wobei $x$ die Menge $X$ durchlaufe. Dann ist $G_n$ offen in $Z$. Sei $z \in \bigcap G_n$. Zu jedem $n$ existiert ein Punkt $x_n \in X$ derart, daß $\rho(z, x_n) < \frac{1}{2}\delta(x_n, n)$ gilt. Wegen $\delta(x_n, n) < \frac{1}{n}$ strebt $x_n$ gegen $z$. Weiter haben wir für jedes $m > n$

$$\rho(x_n, x_m) \leqslant \rho(z, x_n) + \rho(z, x_m) < \frac{1}{2}\delta(x_n, n) + \frac{1}{2}\delta(x_m, m) \leqslant$$

$$\leqslant \max(\delta(x_n, n), \delta(x_m, m)).$$

Deshalb ist $\sigma(f(x_n), f(x_m)) < \frac{1}{n}$ für jedes $m > n$. Die Folge $y_n = f(x_n)$ ist daher eine Cauchyfolge in $(Y, \sigma)$ und konvergiert somit, etwa gegen $y$. Wir setzen $x = f^{-1}(y)$. Dann gilt $x \in X$ und $x_n \to x$, da $f^{-1}$ stetig ist. Da wir schon gezeigt haben, daß $x_n$ gegen $z$ konvergiert, muß $z = x$ und daher $z \in X$ gelten. Dies beweist die Inklusion $\bigcap G_n \subset X$. Die entgegengesetzte Inklusion ergibt sich sofort aus der Definition von $G_n$. Damit ist bewiesen, daß $X$ eine $G_\delta$-Teilmenge von $Z$ ist. $\square$

# Kapitel 13

## Transformation von linearen Mengen in Nullmengen

Sei $F$ eine nirgends dichte abgeschlossene Teilmenge von $I = [\,0\,,\,1\,]$. Es ist fast trivial zu bemerken, daß ein Homöomorphismus $h$ von $I$ auf sich derart existiert, daß $h(F)$ eine Nullmenge ist. In der Tat, setzen wir $G = I - F$ , so genügt es,

$$h(x) = \frac{m([0,x] \cap G)}{m(G)} \ , \quad x \in I \ ,$$

zu setzen. Dies ist eine strikt wachsende stetige Abbildung von $I$ auf sich. Die offenen Intervalle, aus denen sich $G$ zusammensetzt, werden auf eine Folge von Intervallen mit der Gesamtlänge 1 abgebildet. Folglich ist $h(F)$ eine Nullmenge.

Die Verallgemeinerung dieses Ergebnisses auf Mengen von 1.Kategorie läßt sich nicht auf dieselbe Art beweisen, obwohl das Ergebnis auch in diesem Fall richtig bleibt, wie wir mit Hilfe eines Kategorie-Arguments zeigen werden.

Bezeichne $H$ die Menge aller Automorphismen von $I$ (d.h. aller Homöomorphismen von $I$ auf sich), die die Endpunkte festlassen. $H$ werde metrisiert mit Hilfe der Distanzfunktion

$$\rho(g,h) = \max_{x \in I} \left| g(x) - h(x) \right| \ .$$

Offenbar ist $(H, \rho)$ ein Teilraum sowohl des Raumes $C = C[\,0\,,\,1\,]$ der stetigen Funktion auf $I$ als auch des Teilraumes $C_1$ der stetigen Abbildungen von $I$ in $R$ , die 0 und 1 festlassen. Der Raum $(C_1, \rho)$ ist vollständig, da $C_1$ eine abgeschlossene Teilmenge von $C$ ist. Der Raum $(H, \rho)$ ist jedoch nicht vollständig. Dies sieht man, wenn man die Folge $\{f_n\}$ betrachtet, worin $f_n$ für diejenige stückweise lineare Funktion gesetzt wurde, deren Graph aus den Strecken besteht, die den Punkt $\left(\frac{1}{2}, 1 - \frac{1}{n}\right)$ mit den Punkten $(0,0)$ bzw. $(1,1)$ verbinden.

Sei $H_n$ die Menge aller $f \in C$ derart, daß $f(x) \neq f(y)$ für alle $x, y \in I$ mit $|x - y| \geq \geq \frac{1}{n}$ gilt. Gehört $f$ zu $H_n$ , so ist die vermöge

$$\delta = \min \left\{ |f(x) - f(y)| \ : \ |x - y| \geq \frac{1}{n} \right\}$$

definierte Zahl $\delta$ positiv. Aus $\rho(f, g) < \frac{\delta}{2}$ ergibt sich $|g(x) - g(y)| \geq |f(x) - f(y)| -$

$- 2\rho(f, g) \geqslant \delta - 2\rho(f, g) > 0$ , wenn $|x - y| \geqslant \frac{1}{n}$ gilt, so daß $g$ zu $H_n$ gehört. Dies zeigt, daß $H_n$ eine offene Teilmenge von $C$ ist. Offenbar haben wir

$$H = C_1 \cap \bigcap H_n \, .$$

Folglich ist $H$ eine $G_\delta$-Teilmenge von $C$ ; auf Grund von Satz 12.1 ist $H$ daher topologisch vollständig. (Es läßt sich zeigen, daß $H$ bezüglich der Metrik

$$\sigma(g, h) = \rho(g, h) + \rho(g^{-1}, h^{-1})$$

vollständig ist, und daß diese Metrik topologisch äquivalent zu $\rho$ ist. Wir werden jedoch keinen Gebrauch von dieser Tatsache machen.)

Satz 13.1

Zu jeder Menge $A$ von 1.Kategorie in $I = [\, 0 \,, \, 1\, ]$ existiert ein $h \in H$ derart, daß $h(A)$ eine Nullmenge ist; genauer gilt: Die Familie aller derartigen Automorphismen bildet eine Residual-Menge in $H$ .

Beweis

Sei $A = \bigcup A_n$ , $A_n$ nirgends dicht, $n \geqslant 1$ . Wir setzen

$$E_{n,k} = \{ h \in H : m(h(\overline{A}_n)) < \tfrac{1}{k} \} \, .$$

Für jedes $h \in E_{n,k}$ läßt sich zu der abgeschlossenen beschränkten Menge $h(\overline{A}_n)$ eine offene Obermenge $G$ in $R$ mit $m(G) < \frac{1}{k}$ finden. Es existiert ein $\delta > 0$ derart, daß $G$ die $\delta$-Umgebung jedes Punktes aus $h(\overline{A}_n)$ enthält. Ist $\rho(g, h) < \delta$ , dann gilt $g(\overline{A}_n) \subset G$ , und $g$ gehört daher zu $E_{n,k}$ . Dies zeigt, daß $E_{n,k}$ für alle $n$ und $k$ eine offene Teilmenge von $H$ ist.
Für beliebig gegebene $g \in H$ und $\varepsilon > 0$ teilen wir $I$ in endlich viele abgeschlossene Teilintervalle $I_1, \ldots, I_N$ ein, deren Längen sämtlich kleiner als $\varepsilon$ sind. Im Innern $I_i^0$ von $I_i$ wählen wir ein abgeschlossenes Intervall $J_i \subset I_i^0 - g(\overline{A}_n)$ , $i = 1, \ldots, N$ . Sei $h_i$ ein stückweise linearer Homöomorphismus von $I_i$ auf sich, der die Endpunkte festläßt und $J_i$ auf ein Intervall abbildet, dessen Länge größer als $|I_i| - \frac{1}{kN}$ ist. (Es genügen drei Strecken, um den Graphen einer derartigen Funktion $h_i$ zu definieren.) Die Homöomorphismen $h_i$ definieren zusammen eine Abbildung $h \in H$ derart, daß $m(h \circ g(\overline{A}_n)) < \frac{1}{k}$ gilt, so daß $h \circ g$ $E_{n,k}$ angehört. Wegen $\rho(h \circ g, g) < \varepsilon$ ist $E_{n,k}$ dicht in $H$ . Folglich ist

$$E = \bigcap_{n,k} E_{n,k}$$

eine Residual-Menge in $H$ . Für $h \in E$ ist $h(\overline{A}_n)$ eine Nullmenge bei beliebigem $n$ . Wegen $h(A) \subset \bigcup h(\overline{A}_n)$ ist $h(A)$ eine Nullmenge. $\square$

Der folgende Satz gibt eine hinreichende Bedingung für die entgegengesetzte Folgerung.

## Satz 13.2

Zu jeder überabzählbaren abgeschlossenen Teilmenge $A$ von $I = [\,0\,,\,1\,]$ existiert ein $h \in H$ derart, daß $h(A)$ positives Maß hat.

## Beweis

Auf Grund von Lemma 5.1 existieren eine abgeschlossene Menge $F \subset A$ und eine stetige Abbildung $f$ von $F$ auf $[\,0\,,\,1\,]$. Für jedes $x \in I$ setzen wir

$$h(x) = \frac{x}{2} + \frac{1}{2}\, m(f([0,x] \cap F))\,.$$

Dann ist $h$ eine strikt wachsende stetige Abbildung von $[\,0\,,\,1\,]$ auf sich. Auf jedem der offenen Intervalle, aus denen sich die Menge $(\,0\,,\,1\,) - F$ zusammensetzt, haben wir $h'(x) = \frac{1}{2}$. Daher ist $m(h(I - F)) = \frac{1}{2}$, woraus sich $m(h(A)) \geqslant m(h(F)) = \frac{1}{2}$ ergibt. $\Box$

Die obigen Sätze lassen eine hübsche Folgerung zu. Sei $f$ eine auf $[\,0\,,\,1\,]$ definierte beschränkte Funktion und sei $U$ die Menge ihrer Unstetigkeitsstellen. Sei $h$ ein beliebiger Automorphismus von $[\,0\,,\,1\,]$. Die zusammengesetzte Funktion $f \circ h$ ist beschränkt; die Menge ihrer Unstetigkeitsstellen stimmt überein mit $h^{-1}(U)$. Auf Grund von Satz 7.1 wissen wir, daß $U$ stets eine $F_\sigma$-Menge ist. Ist die Menge $U$ überabzählbar, so enthält sie eine überabzählbare abgeschlossene Menge. Für ein gewisses $h$ besitzt dann die Menge $h^{-1}(U)$ ein positives Maß. Ist andererseits $U$ höchstens abzählbar (oder leer), so ist $h^{-1}(U)$ höchstens abzählbar (oder leer) und besitzt für jedes $h$ das Maß 0. Ist $U$ von 1.Kategorie, so existiert ein $h$ derart, daß $h^{-1}(U)$ eine Nullmenge ist. Ist dagegen $U$ von 2.Kategorie, dann muß eine der abgeschlossenen Mengen, deren Vereinigung $U$ ist, ein Intervall enthalten. In diesem Fall enthält auch $h^{-1}(U)$ ein Intervall und ist niemals ein Nullmenge. Wir erinnern an Satz 7.5, der besagt, daß eine beschränkte Funktion genau dann R-integrierbar ist, wenn sie fast überall stetig ist. Zusammen mit dem obigen ergibt sich daraus

## Satz 13.3

Sei $f$ eine auf $[\,0\,,\,1\,]$ definierte, beschränkte Funktion und sei $U$ die Menge ihrer Unstetigkeitsstellen. Sei $h$ ein beliebiger Homöomorphismus von $[\,0\,,\,1\,]$ auf sich. Die zusammengesetzte Funktion $f \circ h$ ist Riemann-integrierbar

(a) für alle $h$ genau dann, wenn $U$ höchstens abzählbar ist;

(b) für ein gewisses $h$ genau dann, wenn $U$ von 1.Kategorie ist;

(c) für die identische Abbildung genau dann, wenn $U$ eine Nullmenge ist.

In diesem Satz wird mit Hilfe jedes der $\sigma$-Ideale, die wir früher betrachteten, eine Frage nach dem Effekt, den eine strikt monotone Substitution auf die Riemann-Integrierbarkeit einer Funktion hat, beantwortet!

Eine andere Folgerung besteht in der folgenden Charakterisierung der Mengen von 1.Kategorie, in der nicht der Begriff einer nirgends dichten Menge auftritt.

### Satz 13.4

Eine lineare Menge $A$ ist genau dann von 1.Kategorie, wenn ein Homöomorphismus $h$ der Zahlengeraden auf sich derart existiert, daß $h(A)$ in einer $F_\sigma$-Nullmenge enthalten ist.

Dieser Satz charakterisiert die Mengen von 1.Kategorie als topologisch äquivalent zu speziellen Nullmengen.

### Beweis von Satz 13.4

Jede Menge $A$ von 1.Kategorie ist in einer $F_\sigma$-Menge $B$ von 1.Kategorie enthalten. Man teilt die Zahlengerade in einander nicht überdeckende Intervalle der Länge $1$ ein. Sei $h_i$ ein Automorphismus von $I_i$, der die Endpunkte festläßt und $B \cap I_i$ auf eine Nullmenge abbildet. Die Abbildungen $h_i$ definieren einen Automorphismus $h$ der Zahlengeraden derart, daß $h(B)$ eine Nullmenge ist. Somit ist $h(A)$ in der $F_\sigma$-Nullmenge $h(B)$ enthalten.

Sei umgekehrt $A$ irgendeine Teilmenge einer $F_\sigma$-Nullmenge. Es gilt dann $A \subset \bigcup F_n$, worin $F_n$ für $n \geqslant 1$ eine abgeschlossene Nullmenge ist. Daher ist jede der Mengen $F_n$ nirgends sicht. Folglich sind die Mengen $A$ und ihr Bild bezüglich eines beliebigen Automorphismus der Zahlengeraden von 1.Kategorie. $\Box$

# Kapitel 14

# Der Satz von FUBINI

Das Lebesguesche Maß auf der reellen Zahlengeraden wird definiert durch Überdeckungs-
folgen von Intervallen, während beim Lebesgueschen Maß in der Ebene Überdeckungsfol-
gen von Rechtecken benutzt werden. Wir werden nun untersuchen, welche Beziehungen
zwischen diesen beiden Maßen bestehen. Es ist klar, welcher Art die Antwort ist, die
wir zu erwarten haben. In der elementaren Analysis lernen wir, daß sich die Fläche
zwischen den Graphen zweier Funktionen $f \leqslant g$ mit Hilfe der Formel

$$\int_a^b |f(x) - g(x)| \, dx$$

berechnen läßt. Die Fläche wird also dadurch berechnet, indem man sie "in Scheiben
zerschneidet". Die Verallgemeinerung dieser Formel, die das Maß einer meßbaren Teilmenge $A$ der Ebene als das Integral des linearen Maßes ihrer Schnitte senkrecht zu
einer der Koordinatenachsen darstellt, wird als Satz von FUBINI bezeichnet. Wir werden diesen Satz nicht in voller Allgemeinheit bringen, sondern lediglich den Fall betrachten, daß $A$ eine Nullmenge ist. Der Satz besagt dann, daß fast alle vertikalen (oder ho-
rizontalen) Schnitte von $A$ das Maß $0$ haben.
Seien $X$ und $Y$ zwei nichtleere Mengen. Für beliebige Mengen $A \subset X$ und $B \subset Y$
wird die <u>Produktmenge</u> $A \times B$ als Menge aller geordneten Paare $(x, y)$ mit $x \in A$ und
$y \in B$ definiert. Z.B. wird in der analytischen Geometrie die Ebene als Produkt zweier
Geraden dargestellt. Gilt $E \subset X \times Y$ und $x \in X$ , so heißt die Menge

$$E_x = \{y : (x, y) \in E \}$$

der x-<u>Schnitt</u> von $E$ . Man beachte, daß $E_x$ eine Teilmenge von $Y$ (und nicht von
$X \times Y$ !) ist. Die Schnittoperation ist mit der Vereinigungs- Durchschnitts- und Komplementbildung vertauschbar, d.h. wir haben

$$(E \cup F)_x = E_x \cup F_x \, , \quad (E \cap F)_x = E_x \cap F_x \, , \quad (E')_x = (E_x)' \, .$$

Die Abbildung $E \to E_x$ ist folglich bei festem $x \in X$ ein Homomorphismus der Booleschen Algebra der Teilmengen von $X \times Y$ auf die Algebra der Teilmengen von $Y$ . Sie

64

ist sogar ein Homomorphismus bezüglich beliebiger Vereinigungs- und Durchschnittsbildungen, d.h. es gilt

$$(\cup E_i)_x = \cup [(E_i)_x] \quad \text{und} \quad (\cap E_i)_x = \cap [(E_i)_x] \,.$$

Wir sagen, eine Menge A werde <u>unendlich oft</u> durch die Folge $\{A_n\}$ <u>überdeckt</u>, wenn
jeder Punkt von A unendlich vielen Gliedern der Folge angehört. Oft ist die folgende
Charakterisierung der Nullmengen nützlich.


<u>Lemma 14.1</u>
Eine Menge A hat genau dann das Lebesguesche Maß 0 , wenn sie sich unendlich oft
durch eine Folge von Intervallen überdecken läßt derart, daß die Reihe $\sum |I_n|$ konver-
giert.


<u>Beweis</u>
Ist A eine Nullmenge, so existiert eine Familie von Folgen von Intervallen derart, daß
jede der Folgen A überdeckt und für k = 1, 2, ... die Intervalle der k-ten Folge eine
Gesamtlänge besitzen, die kleiner als $1/2^k$ ist. Sämtliche Intervalle bilden eine Folge
$\{I_n\}$ , die A unendlich oft überdeckt und für die $\sum |I_n| < 1$ gilt.
Wird umgekehrt A unendlich oft durch eine Folge von Intervallen $I_n$ überdeckt, so
wird sie auch von der Teilfolge überdeckt, die mit dem k-ten Term beginnt, $k \geqslant 1$ . Da

$\sum |I_n|$ konvergent ist, kann die Summe $\sum_{n=k}^{\infty} |I_n|$ durch geeignete Wahl von k beliebig

klein gemacht werden. A ist daher eine Nullmenge. $\square$


<u>Satz 14.2</u> (FUBINI)
Ist E eine ebene Menge vom Maß 0 , dann ist $E_x$ eine lineare Nullmenge für alle x
mit Ausnahme einer Menge A mit dem linearen Maß 0 .


<u>Beweis</u>
Für jedes $\varepsilon > 0$ bezeichne $I_i \times J_i$ eine Folge von Rechtecken, worin $I_i$ und $J_i$ links-
offene Intervalle sind derart, daß gilt:
(1) Die Folge $I_i \times J_i$ überdeckt E unendlich oft
und
(2) $$\sum |I_i|\,|J_i| \leqslant \varepsilon \,.$$


Durch weitere Unterteilung jedes der Intervalle $I_i$ läßt sich erreichen, daß zusätzlich
gilt
(3) Für jedes $i > 1$ ist $I_i$ in einem einzigen Intervall der durch die Endpunkte der Intervalle $I_1, I_2, \ldots, I_{i-1}$ definierten Einteilung der Zahlengeraden enthalten.

Wir setzen

$$\varphi_0(x) = 0$$

und

$$\varphi_n(x) = \sum_{x \in I_i\, ,\, i \leq n} |J_i| \ , \quad n = 1, 2, \ldots$$

Dann ist $\varphi_i$ eine Treppenfunktion, und es gilt $\varphi_{i-1} \leq \varphi_i$ sowie

$$\varphi_i(x) - \varphi_{i-1}(x) = \begin{cases} |J_i| \ , & x \in I_i \\ 0 \ , & \text{sonst.} \end{cases}$$

Auf Grund von (2) führt dies zu

$$(4) \qquad \int \varphi_n dx = \sum_{i=1}^{n} \int (\varphi_i - \varphi_{i-1}) dx = \sum_{i=1}^{n} |I_i|\, |J_i| \leq \varepsilon \ .$$

Sei

$$A_i = \{x : \varphi_i(x) \geq 1 > \varphi_{i-1}(x)\} \ , \quad i = 1, 2, \ldots$$

gesetzt. Dann ist $A_i$ entweder leer oder gleich $I_i$ , und die Intervalle $A_i$ sind disjunkt. Da $\varphi_n(x) \geq 1$ auf $A_i$ für $n \geq i$ gilt, haben wir

$$\sum_{i=1}^{n} |A_i| \leq \int \varphi_n dx \quad \text{für jedes } n$$

und daher wegen (4)

$$(5) \qquad \sum_{i=1}^{\infty} |A_i| \leq \varepsilon \ .$$

Wir setzen $A = \{x : E_x$ ist keine Nullmenge$\}$. Für jedes $x \in A$ haben wir $(x, y) \in E$ für ein gewisses $y$ und daher $(x, y) \in I_i \times J_i$ für unendlich viele $i$ . Sei $\{i_k\}$ die Folge von Indizes derart, daß $x \in I_{i_k}$ gilt. Aus $y \in E_x$ ergibt sich auf Grund von (1) $y \in J_{i_k}$ für unendlich viele $k$ . Die Folge $\{J_{i_k}\}$ überdeckt somit $E_x$ unendlich oft. Da $E_x$ keine Nullmenge ist, muß die Reihe $\sum |J_{i_k}|$ divergieren. Für jedes $x \in A$ haben wir daher

$$\lim_{n \to \infty} \varphi_n(x) = \infty$$ und folglich $x \in A_i$ für ein gewisses $i$ . Dies zeigt, daß die Folge der Intervalle $A_1, A_2 \ldots$ die Menge $A$ überdeckt. Dies impliziert zusammen mit (5) , daß $A$ eine lineare Nullmenge ist. $\square$

<u>Satz 14.3</u>

Ist $E$ eine ebene meßbare Menge, so ist $E_x$ linear meßbar für alle $x$ mit Ausnahme einer Menge vom linearen Maß $0$ .

Beweis

Auf Grund von Satz 3.15 läßt sich $E$ darstellen als Vereinigung einer $F_\sigma$-Menge $A$ und einer Nullmenge $N$ . Wir haben $E_x = A_x \cup N_x$ für alle $x$ . Jeder Schnitt einer abgeschlossenen Menge ist abgeschlossen, so daß $A_x$ für jedes $x$ eine $F_\sigma$-Menge ist. Nach dem Satz von FUBINI ist $N_x$ für fast alle $x$ eine Nullmenge. Da $E_x$ für alle derartigen $x$ meßbar ist, ergibt sich die Behauptung. $\Box$

Die Umkehrung des Satzes von Fubini gilt in dem Sinne, daß eine ebene, meßbare Menge $E$ eine Nullmenge ist, wenn fast alle Schnitte von $E$ Nullmengen sind. Wir werden dies hier nicht beweisen. (Der übliche Beweis benutzt Eigenschaften des Lebesgueschen Integrals, die wir hier nicht hergeleitet haben.) Wir merken lediglich an, daß die genannte Schlußfolgerung i.a. nicht gilt, wenn $E$ nicht als meßbar vorausgesetzt wird. Dies wird durch den folgenden, von SIERPINSKI stammenden Satz gezeigt.

Satz 14.4

Es existierte eine ebene Menge $E$ mit folgenden Eigenschaften:

(a) $E$ schneidet jede abgeschlossene Menge von positivem ebenen Maß;

(b) Keine drei Punkte von $E$ sind kollinear.

Eine derartige Menge kann nicht meßbar sein. Wäre nämlich die Menge $E$ meßbar, dann würden (a) und Satz 3.18 implizieren, daß ihr Komplement eine Nullmenge ist, so daß (b) dem Satz von FUBINI widerspräche. Folglich ist $E$ nicht meßbar und daher keine Nullmenge - trotz der Tatsache, daß jeder Schnitt von $E$ aus höchstens zwei Punkten besteht.

Wegen Sierpinski's Beweis des obigen Satzes vgl. Fund. Math. Bd.1, S.112. Wir geben hier lediglich einen vereinfachten Beweis unter der Voraussetzung der Kontinuumhypothese.

Beweis von Satz 14.4 (unter Benutzung der Kontinuumhypothese)

Die Familie der abgeschlossenen Mengen von positivem ebenen Maß sei wohlgeordnet derart, daß jedes Element nur höchstens abzählbar viele Vorgänger besitzt. Dies ist unter der Voraussetzung der Kontinuumhypothese möglich, da die Familie der abgeschlossenen Mengen von positivem Maß die Mächtigkeit $c$ besitzt. Man wähle einen Punkt $p_1$ der ersten Menge $F_1$ , anschließend einen Punkt $p_2$ der nächsten Menge $F_2$ mit $p_2 \neq$ $\neq p_1$ . Dann wähle man ein $p_3 \in F_3$ derart, daß $p_1$, $p_2$ und $p_3$ nicht kollinear sind. Wir nehmen an, daß bereits Punkte aus jeder der Mengen gewählt sind, die $F_\alpha$ vorangehen, und wählen $p_\alpha \in F_\alpha$ so, daß $p_\alpha$ und zwei beliebige schon gewählte Punkte nicht kollinear sind. Höchstens abzählbar viele Punkte haben Indizes, die kleiner als $\alpha$ sind, so daß lediglich höchstens abzählbar viele Geraden existieren, auf denen $p$ nicht liegen darf. Die Vereinigung dieser Geraden hat das ebene Maß $0$ , während $F_\alpha$ positives Maß besitzt. Somit läßt sich stets ein Punkt $p_\alpha$ mit der genannten Eigenschaft finden. Die Gesamtheit der so gewählten Punkte $p_\alpha$ bildet eine Menge $E$ , die den Bedingungen (a) und (b) genügt.

# Kapitel 15
# Der Satz von KURATOWSKI-ULAM

Der Satz von FUBINI hat ein Kategorie-Analogon. Der entsprechende Satz wurde in voller Allgemeinheit im Jahre 1932 von KURATOWSKI und ULAM bewiesen [18, S.222].

<u>Satz 15.1</u> (KURATOWSKI-ULAM)

Ist $E$ eine ebene Menge von 1.Kategorie, so ist $E_x$ eine lineare Menge von 1.Kategorie für alle $x$ mit Ausnahme derjenigen in einer gewissen Menge von 1.Kategorie. Ist $E$ eine nirgends dichte Teilmenge der Ebene $X \times Y$ , so ist $E_x$ eine nirgends dichte Teilmenge von $Y$ für alle $x$ mit Ausnahme derjenigen in einer Menge von 1.Kategorie in $X$ .

<u>Beweis</u>

Die zwei Aussagen sind im Grunde äquivalent. Da sich nämlich aus $E = \bigcup E_i$  $E_x =$
$= \bigcup_i (E_i)_x$ ergibt, folgt die erste Aussage aus der zweiten. Ist umgekehrt $E$ nirgends dicht, so auch $\bar{E}$ ; $E_x$ ist dann stets nirgends dicht, wenn $(\bar{E})_x$ von 1.Kategorie ist. Daher ist die zweite Aussage eine Folgerung aus der ersten. Es genügt daher, die zweite Aussage für eine beliebige nirgends dichte abgeschlossene Menge $E$ zu beweisen. Sei $\{V_n\}$ eine abzählbare Basis für die Topologie von $Y$ ; wir setzen $G = (X \times Y) - E$ . $G$ ist dann eine dichte offene Teilmenge der Ebene. Für jede positive ganze Zahl $n$ sei $G_n$ die Projektion der Menge $G \cap (X \times V_n)$ in $X$ , d.h. es gelte

$$G_n = \{x : (x, y) \in G \text{ für ein gewisses } y \in V_n\} .$$

Seien $x \in G_n$ und $y \in V_n$ derart, daß $(x, y) \in G$ gilt. Da $G$ offen ist, existieren offene Intervalle $U$ und $V$ derart, daß $x \in U$ , $y \in V \subseteq V_n$ und $U \times V \subset G$ gilt. Dies impliziert $U \subset G_n$ . Somit ist $G_n$ eine offene Teilmenge von $X$ . Die Menge $G \cap (U \times V_n)$ ist nichtleer für jedes nichtleere offene $U$ , da $G$ dicht in der Ebene ist. Daher enthält $G_n$ Punkte von $U$ . Folglich ist $G_n$ eine dichte offene Teilmenge von $X$ , $n \geq 1$ . Die Menge $\cap G_n$ ist daher das Komplement einer Menge von 1.Kategorie in $X$ . Für jedes $x \in \cap G_n$ enthält der Schnitt $G_x$ Punkte aus $V_n$ , $n \geq 1$ . Daher ist $G_x$ eine dichte, offene Teilmenge von $Y$ , so daß $E_x = Y - G_x$ nirgends dicht ist. Dies zeigt, daß für alle $x$ - ausgenommen solche in einer Menge von 1.Kategorie - $E_x$ nirgends dicht ist. $\square$

Die Beweise dieses Satzes und der nächsten drei Sätze lassen sich auf das kartesische Produkt $X \times Y$ zweier beliebiger topologischer Räume übertragen, wobei lediglich vorauszusetzen ist, daß $Y$ eine abzählbare Basis besitzt. Es genügt sogar anzunehmen, daß es in $Y$ eine Folge nichtleerer offener Mengen gibt derart, daß jede nichtleere offene Menge ein Element der Folge enthält.

### Satz 15.2

Ist $E$ eine Teilmenge von $X \times Y$ mit der Baireschen Eigenschaft, so besitzt $E_x$ die Bairesche Eigenschaft für alle $x$ bis auf solche, die in einer Menge von 1.Kategorie in $X$ liegen.

### Beweis

Sei $E = G \triangle P$, worin $G$ offen und $P$ von 1.Kategorie sind. Dann gilt $E_x = G_x \triangle P_x$ für alle $x$. Jeder Schnitt einer offenen Menge ist offen, so daß $E_x$ stets dann die Bairesche Eigenschaft besitzt, wenn $P_x$ von 1.Kategorie ist. Auf Grund von Satz 15.1 gilt dies für alle $x$ bis auf solche, die in einer Menge von 1.Kategorie liegen. $\square$

### Satz 15.3

Das kartesische Produkt $A \times B$ ist genau dann von 1.Kategorie in $X \times Y$ , wenn mindestens eine der Mengen $A$ und $B$ von 1.Kategorie ist.

### Beweis

Ist $G$ eine dichte offene Teilmenge von $X$ , dann ist $G \times Y$ eine dichte offene Teilmenge von $X \times Y$. Folglich ist $A \times B$ nirgends dicht in $X \times Y$ , wenn $A$ nirgends dicht in $X$ ist. Wegen $(\bigcup A_i) \times B = \bigcup (A_i \times B)$ folgt, daß $A \times B$ von 1.Kategorie ist, wenn $A$ von 1.Kategorie ist. Ähnlich schließt man für $B$ .
Ist umgekehrt zwar $A \times B$, jedoch nicht $A$ , von 1.Kategorie, so existiert auf Grund von Satz 15.1 ein Punkt $x \in A$ derart, daß $(A \times B)_x$ von 1.Kategorie ist. Da $(A \times B)_x = B$ für alle $x \in A$ gilt, muß $B$ von 1.Kategorie sein. $\square$

Der folgende Satz ist eine teilweise Umkehrung von Satz 15.1.

### Satz 15.4

Ist $E$ eine Teilmenge von $X \times Y$ , die die Bairesche Eigenschaft besitzt, und ist $E_x$ von 1.Kategorie für alle $x$ bis auf solche in einer Menge von 1.Kategorie, dann ist $E$ von 1.Kategorie.

### Beweis

Wir nehmen das Gegenteil an. Dann gilt $E = G \triangle P$ , worin $P$ von 1.Kategorie und $G$ eine offene Menge von 2.Kategorie sind. Es existieren dann offene Mengen $U$ und $V$ derart, daß $U \times V \subset G$ gilt und $U \times V$ von 2.Kategorie ist. (Dies ist klar im Fall der Ebene. Allgemein folgt dies aus dem Kategorie-Satz von BANACH, der im folgenden

Kapitel diskutiert wird.) Gemäß Satz 15.3 sind sowohl $U$ als auch $V$ von 2.Kategorie. Für alle $x \in U$ gilt $E_x \supset V - P_x$. Auf Grund von Satz 15.1 ist $P_x$ von 1.Kategorie für alle $x$ bis auf solche in einer Menge von 1.Kategorie. Folglich ist $E_x$ von 2.Kategorie für alle $x \in U$ mit Ausnahme derjenigen in einer Menge von 1.Kategorie. Dies impliziert, daß $E_x$ von 2.Kategorie für alle $x$ in einer gewissen Menge von 2.Kategorie ist, im Widerspruch zur Annahme. ☐

Das folgende Analogen zu Satz 14.4 zeigt, daß Satz 15.4 ohne die erste Voraussetzung falsch ist.

<u>Satz 15.5</u>
Es existiert eine ebene Menge $E$ von 2.Kategorie derart, daß keine drei Punkte von $E$ kollinear sind.

<u>Beweis</u>
Die Familie der ebenen $G_\delta$-Mengen von 2.Kategorie hat die Mächtigkeit $c$. Sei $\{E_\alpha : \alpha < \omega_c\}$ eine Wohlordnung dieser Familie, wobei $\omega_c$ die erste Ordnungszahl sei, der $c$ Ordinalzahlen vorangehen. Wir nehmen an, daß Punkte $p_\beta \in F_\beta$, von denen keine drei kollinear sind, für alle $\beta < \alpha$ gewählt wurden. Da die Menge aller Geraden, die durch je zwei der Punkte $p_\beta$ mit $\beta < \alpha$ hindurchgehen, eine Mächtigkeit besitzt, die kleiner als $c$ ist, läßt sich eine Richtung finden, die zu keiner der erwähnten Geraden parallel ist. Auf Grund von Satz 15.4 schneidet eine gewisse in dieser Richtung verlaufende Gerade die Menge $E_\alpha$ in einer Menge von 2.Kategorie, die wegen Lemma 5.1 die Mächtigkeit $c$ besitzt. Wir können daher ein $p_\alpha \in E_\alpha$ so wählen, daß $p_\alpha$ und je zwei unter den Punkten $p_\beta$ mit $\beta < \alpha$ nicht kollinear sind. Die Menge aller so gewählten Punkte $p_\alpha$ enthält nicht drei kollineare Punkte. Sie ist von 2.Kategorie, da ihr Komplement keine $G_\delta$-Menge von 2.Kategorie enthält. ☐

Die Analogie zwischen dem Satz von FUBINI und demjenigen von KURATOWSKI-ULAM wirft eine interessante Frage auf: Läßt sich eine der beiden Aussagen auf die andere zurückführen? Wir werden zeigen, daß sich einem gewissen Sinne der Satz von KURATOWSKI-ULAM auf denjenigen von FUBINI zurückführen läßt. Diese Zurückführung beschränkt sich auf den Fall ebener Mengen und liefert keinerlei Vereinfachungen. Das Interesse an der aufgeworfenen Frage rührt von dem technischen Problem her, das sich in diesem Zusammenhang stellt: Man finde eine Transformation der Ebene, die jede beim Satz von KURATOWSKI-ULAM auftretende Situation überführt in eine, die beim Satz von FUBINI vorliegt. Eine ähnliche Zurückführung des Fubinischen Satzes auf den Satz von KURATOWSKI-ULAM scheint nicht möglich zu sein.
In Kap. 13 wurde gezeigt, daß sich jede lineare Menge von 1.Kategorie durch einen Automorphismus der Zahlengeraden in eine Nullmenge überführen läßt. Ähnlich läßt sich zeigen, daß sich im r-dimensionalen euklidischen Raum jede Menge von 1.Kategorie durch einen geeigneten Automorphismus des Raumes auf eine Nullmenge abbilden

läßt [27]. Dies wurde zuerst im Jahre 1919 (für Teilmengen eines Quadrats) von L.E.J.
BROUWER [6] bewiesen. Dieses Ergebnis genügt jedoch nicht für unsere Zwecke, da
eine derartige Transformation nicht notwendig Schnitte in Schnitte überführt. Was wir
brauchen, ist eine stärkere Version des Brouwerschen Satzes, die besagt, daß sich einer unter den genannten Automorphismen als Produkttransformation $f \times g$ darstellen
läßt, d.h. daß er die Form $x' = f(x)$, $y' = g(y)$ besitzt. Wir werden die Existenz eines
derartigen Automorphismus mit Hilfe eines Kategorie-Arguments beweisen, das Ähnlichkeit hat mit demjenigen, das wir im eindimensionalen Fall gebrauchten.
Im folgenden bezeichnen $m_2$ und $m$ das zweidimensionale bzw. lineare Lebesguesche
Maß.


<u>Satz 15.6</u>
Zu jeder ebenen, im Einheitsquadrat enthaltenen Menge $E$ von 1.Kategorie existiert ein
Produkthomöomorphismus $h$ des Einheitsquadrats auf sich derart, daß $m_2(h(E) = 0$
gilt.


<u>Beweis</u>
Wie in Kap. 13 bezeichne $(H, \rho)$ den Raum der Automorphismen des Einheitsintervalls,
die die Endpunkte festlassen. $H^2$ bezeichne die Familie aller Automorphismen des Einheitsquadrats der Form $f \times g$ , worin $f$ und $g$ zu $H$ gehören. $H^2$ läßt sich mit dem
kartesischen Produkt $H \times H$ identifizieren. Gilt $h_1 = f_1 \times g_1$ und $h_2 = f_2 \times g_2$ , so setzen
wir

$$\sigma(h_1, h_2) = \rho(f_1, f_2) + \rho(g_1, g_2) \ .$$

Man verifiziert leicht, daß $(H^2, \sigma)$ ein topologisch vollständiger metrischer Raum ist.
(Jede Ummetrisierung von $H$ definiert eine entsprechende Ummetrisierung von $H^2$.)
Sei $F$ eine nirgends dichte abgeschlossene Teilmenge des Einheitsquadrats. Für jedes
positive, ganzzahlige $k$ setzen wir

$$E_k = \{h \in H^2 : \ m_2(h(F)) < \tfrac{1}{k}\} \ .$$

Mit Hilfe einer Überlegung, die genau wie diejenige im Beweis von Satz 13.1 verläuft,
sehen wir, daß $E_k$ eine offene Teilmenge von $H^2$ ist. Um zu zeigen, daß sie dicht ist,
wählen wir ein $\varepsilon > 0$ , $n > \frac{2}{\varepsilon}$ und teilen das Einheitsquadrat in $n$ gleich große abgeschlossene Teilintervalle

$$I_i = \left[\frac{i-1}{n} \ , \frac{i}{n}\right] , \ i = 1, 2, \ldots, n,$$

ein. Sei $F_{ij} = F \cap (I_i \times I_j)$ ; $T_{ij}$ bezeichne die Translation

$$x' = x - \frac{i - 1}{n} \, , \quad y' = y - \frac{j - 1}{n} \, .$$

Die endliche Vereinigung $\underset{i,j}{\bigcup} T_{ij}(F_{ij})$ ist dann eine nirgends dichte Teilmenge von $I_1 \times I_1$ . Wir wählen abgeschlossene Intervalle $J$ und $K$ , die im Innern von $I_1$ liegen derart, daß

$$J \times K \subset (I_1 \times I_1) - \bigcup T_{ij}(F_{ij})$$

gilt. Wir haben dann

$$[(i - 1) + J] \times [(j - 1) + K] \subset (I_i \times I_j) - F \, .$$

In jedem der Quadrate $I_i \times I_j$ besitzt $F$ ein ähnlich gelagertes Loch. Hier sei der Fall $n = 3$ illustriert. Sei $f_1$ ein

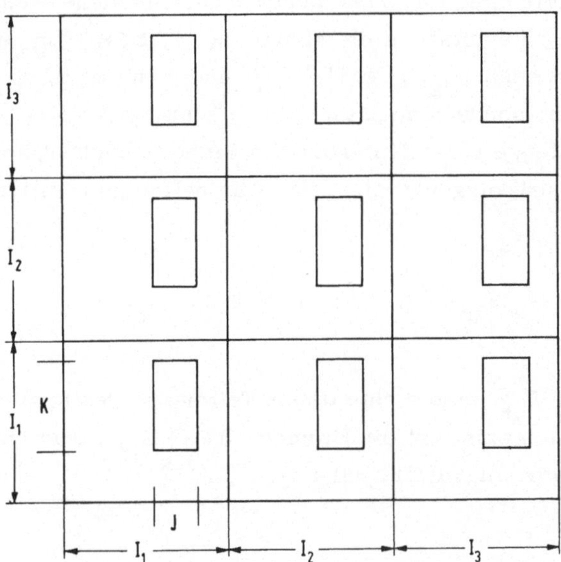


stückweise linearer Automorphismus von $I_1$ , der die Endpunkte festläßt derart, daß

$$m(f_1(J)) > \sqrt{1 - \tfrac{1}{k}} \; m(I_1)$$

gilt. (Es genügen drei lineare Abschnitte.) Sei ähnlich $g_1$ ein stückweise linearer Automorphismus von $I_1$ , der die Endpunkte festläßt derart, daß

$$m(g_1(K)) > \sqrt{1 - \frac{1}{k}} \, m(I_1)$$

gilt. Wir setzen

$$f_i(x) = \frac{i-1}{n} + f_1\left(x - \frac{i-1}{n}\right) , \ x \in I_i$$

und

$$g_j(y) = \frac{j-1}{n} + g_1\left(y - \frac{j-1}{n}\right) , \ y \in I_j .$$

Die Transformationen $f_i$ , $i = 1, 2, \ldots, n$ , definieren zusammen eine stückweise lineare Transformation $f \in H$. Ähnlich definieren die Transformationen $g_j$ eine Transformation $g \in H$. Die Produkttransformation $f \times g$ bildet jedes Quadrat $I_i \times I_j$ auf sich ab, so daß ihr $\sigma$-Abstand von der identischen Abbildung kleiner als $\varepsilon$ ist. Darüber hinaus gilt $m_2(h(F)) < \frac{1}{k}$, da der in $I_i \times I_j$ enthaltene Teil von $F$ auf eine Menge, deren Maß kleiner als $1 / kn^2$ ist, abgebildet wird. Somit enthält die $\varepsilon$-Umgebung der Identität in $H^2$ für eine beliebige, nirgends dichte abgeschlossene Menge $F$ Punkte von $E_k$. Wenden wir dieses Resultat auf die Menge $\varphi(F)$, $\varphi \in H^2$ an, so erhalten wir ein Element $h \in H^2$ derart, daß $m_2(h \circ \varphi(F)) < \frac{1}{k}$ und $\sigma(h \circ \varphi, \varphi) < \varepsilon$ gilt. Dies beweist, daß $E_k$ nicht nur offen, sondern auch dicht in $H^2$ ist.

Ist $E$ eine beliebige Menge von 1.Kategorie im Einheitsquadrat, so gilt $E \subset \bigcup F_i$ , worin $F_i$ abgeschlossen und nirgends dicht ist. Für beliebige positive ganze Zahlen $i$ und $k$ setzen wir

$$E_{ik} = \{h \in H^2 \colon m_2(h(F_i)) < \tfrac{1}{k}\} .$$

Wir haben gezeigt, daß $E_{ik}$ eine dichte offene Teilmenge des topologisch vollständigen Raumes $H^2$ ist. Folglich existiert ein Element $h \in \bigcap_{i,k} E_{ik}$ . Für jeden derartigen Automorphismus $h$ haben wir $m_2(h(E)) = 0$ . $\square$

### Satz 15.7

Zu jeder Menge $E$ , die von 1.Kategorie in der Ebene ist, existiert ein Produkthomöomorphismus $h$ der Ebene auf sich derart, daß $m_2(h(E)) = 0$ gilt.

### Beweis

Wir setzen $f(x) = \operatorname{tg} \pi(x - \frac{1}{2})$ , $0 < x < 1$ . Dann ist $f$ ein Homöomorphismus von $(0, 1)$ auf die Zahlengerade. Der Produkthomöomorphismus $g = f \times f$ bildet das Innere des Einheitsquadrats auf die Ebene ab. Da $f'$ stetig und positiv ist, bilden $g$ und $g^{-1}$ Nullmengen auf Nullmengen ab. Ist $E$ von 1.Kategorie in der Ebene, so ist $g^{-1}(E)$ eine Menge von 1.Kategorie im Einheitsquadrat. Auf Grund von Satz 15.6 gibt es einen Automorphismus $h \in H^2$ derart, daß $h \circ g^{-1}(E)$ eine Nullmenge ist. Dann ist $g \circ h \circ g^{-1}$ ein Produktautomorphismus der Ebene, der $E$ auf eine Nullmenge abbildet. $\Box$

Es ist nun leicht, eine beim Satz von Kuratowski-Ulam auftretende Situation auf den Satz von Fubini zurückzuführen. Sei $E$ eine nirgends dichte abgeschlossene Teilmenge der Ebene. Jeder Schnitt $E_x$ ist dann entweder nirgends dicht, oder er enthält ein Intervall. Sei $V_1$, $V_2$, ... eine Aufzählung aller offenen Intervalle mit rationalen Endpunkten. Wir setzen $F_i = \{x : E_x \supset V_i\}$. $F_i$ ist eine abgeschlossene Teilmenge der Geraden, da jeder horizontale Schnitt $E^y = \{x : (x, y) \in E\}$ von $E$ abgeschlossen ist und $F_i = \bigcap\limits_{y \in V_i} E^y$ gilt. Die $F_\sigma$-Menge $A = \bigcup F_i$ ist die Menge aller Punkte $x$, für die $E_x$ nicht von 1.Kategorie ist.

Sei $h = f \times g$ ein Produkthomöomorphismus der Ebene auf sich derart, daß $m_2(h(E)) = 0$ ist (Satz 15.7). Für jedes $x \in A$ enthält $E_x$ ein gewisses Intervall $V_i$. Der Schnitt $(h(E))_{f(x)}$ enthält das Intervall $g(V_i)$ und ist daher keine Nullmenge. Folglich haben wir $f(A) \subset B$, falls wir

$$B = \{x : (h(E))_x \text{ ist keine Nullmenge}\}$$

setzen. Gemäßt dem Satz von Fubini gilt $m(B) = 0$, so daß $f(A)$ eine $F_\sigma$-Menge vom Maß 0 ist. Folglich sind $f(A)$ und somit $A$ von 1.Kategorie auf Grund von Satz 13.4.

# Kapitel 16
## Der Kategorie-Satz von BANACH

Es ist klar, daß in einem topologischen Raum mit abzählbarer Basis die Vereinigung irgendeiner Familie von offenen Mengen von 1.Kategorie ist. Man braucht nämlich lediglich die Vereinigung derjenigen Elemente der Basis zu nehmen, die in mindestens einer Menge der gegebenen Familie enthalten sind. Dieselbe Überlegung zeigt, daß die Vereinigung einer beliebigen Familie von offenen Mengen vom Maß $0$ ebenfalls das Maß $0$ besitzt (für ein beliebiges Maß, das auf allen offenen Mengen definiert ist). Es ist bemerkenswert, daß die erste Aussage auch in topologischen Räumen gilt, die keine abzählbare Basis besitzen. Hingegen muß die zweite Aussage eingeschränkt werden.

Satz 16.1 (Kategorie-Satz von BANACH)
In einem beliebigen topologischen Raum $X$ ist die Vereinigung einer beliebigen Familie offener Mengen von 1.Kategorie wieder von 1.Kategorie.

Beweis
Sei G die Vereinigung einer Familie $\mathcal{G}$ von nichtleeren offenen Mengen von 1.Kategorie. Sei $\mathcal{F} = \{U_\alpha : \alpha \in A\}$ eine maximale Familie disjunkter nichtleerer offener Mengen mit der Eigenschaft, daß jede von ihnen in einer gewissen Menge aus $\mathcal{G}$ enthalten ist. Dann ist die abgeschlossene Menge $\overline{G} - \bigcup_{U \in \mathcal{F}} U$ nirgends dicht. (Andernfalls wäre $\mathcal{F}$ nicht maximal.) Jede Menge $U_\alpha$ läßt sich als abzählbare Vereinigung nirgends dichter Mengen darstellen. Es gelte etwa $U_\alpha = \bigcup_{n=1}^{\infty} N_{\alpha, n}$. Wir setzen $N_n = \bigcup_{\alpha \in A} N_{\alpha, n}$. Hat eine offene Menge $U$ mit $N_n$ einen nichtleeren Durchschnitt, so schneidet sie eine gewisse Menge $N_{\alpha, n}$, so daß eine nichtleere offene Menge $V \subset (U \cap U_\alpha) - N_{\alpha, n}$ existiert. Daher ist $V \subset U - N_n$, woraus sich ergibt, daß $N_n$ nirgends dicht ist. Somit ist die Menge

$$G \subset \left(\overline{G} - \bigcup_{U \in \mathcal{F}} U\right) \cup \bigcup_{\alpha \in A} U_\alpha = \left(\overline{G} - \bigcup_{U \in \mathcal{F}} U\right) \cup \bigcup_{n=1}^{\infty} N_n$$

von 1.Kategorie. $\square$

Aus dem gewonnenen Ergebnis folgt, daß sich jeder topologische Raum darstellen läßt als Vereinigung eines offenen (oder abgeschlossenen) Baireschen Teilraumes und einer Menge von 1.Kategorie. Um das Analogon von Satz 16.1 für offene Mengen vom Maß 0 zu diskutieren, benötigen wir das folgende Lemma, das von MONTGOMERY [18, S.265] stammt.

## Lemma 16.2 (MONTGOMERY)

Sei $\{G_\alpha : \alpha \in A\}$ eine wohlgeordnete Familie von offenen Teilmengen eines metrischen Raumes X , und für jedes $\alpha \in A$ sei $F_\alpha$ eine abgeschlossene Teilmenge der Menge

$$H_\alpha = G_\alpha - \bigcup_{\beta < \alpha} G_\beta .$$

Dann ist die Menge $E = \bigcup_{\alpha \in A} F_\alpha$ eine $F_\sigma$-Menge.

## Beweis

Für jedes $\alpha \in A$ und für jede positive ganze Zahl n setzen wir $F_{\alpha, n} = \{x \in F_\alpha : d(x, X - \tilde{G}_\alpha) \geq \frac{1}{n}\}$ . Dann ist $F_{\alpha, n}$ abgeschlossen und es gilt $F_\alpha = \bigcup_{n=1}^{\infty} F_{\alpha, n}$ . Für $\alpha \neq \beta$ haben wir $\rho(x, y) \geq \frac{1}{n}$ für beliebige $x \in F_{\alpha, n}$ und $y \in F_{\beta, n}$ . Daher muß jede konvergente Folge, die in der Menge $F_n = \bigcup_{a \in A} F_{\alpha, n}$ enthalten ist, mit Ausnahme höchstens endlich vieler Glieder in einer einzigen Menge $F_{\alpha, n}$ enthalten sein. Folglich ist $F_n$ abgeschlossen, so daß

$$E = \bigcup_{\alpha \in A} F_\alpha = \bigcup_{n=1}^{\infty} F_n \quad \text{eine } F_\sigma\text{-Menge ist.} \quad \square$$

Nach MARCZEWSKI und SIKORSKI [20] [21] , von denen die folgenden Sätze stammen, heißt eine Kardinalzahl vom Maß 0 , wenn jedes endliche Maß, das für alle Teilmengen einer Menge mit jener Kardninalzahl definiert ist und auf jeder einelementigen Teilmenge den Wert 0 annimmt, identisch verschwindet. Offenbar ist jede Kardinalzahl, die kleiner ist als eine solche vom Maß 0 , vom Maß 0 . Wie schon in Kap. 5 erwähnt wurde, ist bekannt, daß jede Kardinalzahl, die kleiner ist als die erste schwach unerreichbare Kardinalzahl, vom Maß 0 ist, und daß (unter Voraussetzung der Kontinuumhypothese) lediglich extrem große Kardinalzahl nicht vom Maß 0 sein können.
Ein Maß $\mu$ , das auf der Familie der Borelschen Teilmengen eines Raumes X definiert ist, heißt Borelsches Maß; es heißt normiert, wenn $\mu(X) = 1$ gilt, und nichtatomar, wenn es auf sämtlichen einelementigen Mengen den Wert 0 annimmt.

## Satz 16.3

Sei $\mu$ ein endliches Borelsches Maß in einem metrischen Raum X . Sei G Vereinigung einer Familie $\mathcal{G}$ von offenen Mengen vom Maß 0 . Ist die Kardinalzahl von $\mathcal{G}$ vom Maß 0 , so gilt $\mu(G) = 0$ .

76

### Beweis

Sei $\{G_\alpha : \alpha \in A\}$ eine Wohlordnung von $\mathcal{G}$. Wir setzen $H_\alpha = G_\alpha - \bigcup_{\beta < \alpha} G_\beta$, $\alpha \in A$. Jede der Mengen $H_\alpha$ ist als Differenz zweier offener Mengen eine $F_\sigma$-Menge; es gelte etwa $H_\alpha = \bigcup_{n=1}^{\infty} F_{\alpha, n}$, worin jede der Mengen $F_{\alpha, n}$ abgeschlossen ist. Für eine beliebige Menge $E \subset A$ haben wir

$$\bigcup_{\alpha \in E} H_\alpha = \bigcup_{\alpha \in E} \bigcup_{n=1}^{\infty} F_{\alpha, n} = \bigcup_{n=1}^{\infty} \left[ \bigcup_{\alpha \in E} F_{\alpha, n} \right].$$

Auf Grund des Lemmas von MONTGOMERY (es werde $F_\alpha = \emptyset$ für $\alpha \in A - E$ gesetzt) ist jede der in Klammern stehenden Mengen für jedes $n$ eine $F_\sigma$-Menge. Folglich ist deren Vereinigung ebenfalls eine $F_\sigma$-Menge. Die Mengenfunktion

$$\nu(E) = \mu\Big( \bigcup_{\alpha \in E} H_\alpha \Big)$$

ist für alle Teilmengen von $A$ definiert. Ersichtlich ist $\nu$ ein endliches, nichtatomares Maß. Da die Kardinalzahl von $A$ vom Maß $0$ ist, ergibt sich $\mu(G) = \mu\big( \bigcup_{\alpha \in A} H_\alpha \big) = \nu(A) = 0$. $\square$

### Satz 16.4

Sei $X$ ein metrischer Raum mit einer Basis, deren Kardinalzahl vom Maß $0$ ist. Ist $\mu$ ein endliches Borelsches Maß in $X$, so hat die Vereinigung einer beliebigen Familie von offenen Mengen vom Maß $0$ wieder das Maß $0$.

### Beweis

Sei $\mathcal{B}$ eine Basis, deren Kardinalzahl vom Maß $0$ ist. Für eine beliebige Familie $\mathcal{G}$ von offenen Nullmengen bezeichne $\mathcal{B}_0$ die Familie aller Mengen aus $\mathcal{B}$, die in einer gewissen Menge aus $\mathcal{G}$ enthalten sind. Auf Grund von Satz 16.3 ergibt sich dann

$$\mu\Big( \bigcup_{G \in \mathcal{G}} G \Big) = \mu\Big( \bigcup_{G \in \mathcal{B}_0} G \Big) = 0. \quad \square$$

Es ist überraschend, daß Satz 16.4 nicht für Maße in nicht-metrisierbaren Räumen zu gelten braucht. KEMPERMAN und MAHARAM [17] haben gezeigt, daß es möglich ist, im kartesischen Produkt $X$ von $c$ Exemplaren der Zahlengeraden ein normiertes Maß $\mu$ auf der von den elementaren offenen Mengen erzeugten $\sigma$-Algebra derart zu definieren, daß sich $X$ durch eine Familie von offenen Mengen vom Maß $0$ überdecken läßt. Die elementaren offenen Mengen bilden eine Basis der Mächtigkeit $c$; $c$ ist vom Maß $0$ (unter der Annahme der Kontinuumhypothese) auf Grund des Satzes von ULAM (Satz 5.6).

Der folgende Satz stellt vielleicht die stärkste Verallgemeinerung von Satz 1.6 dar, die möglich ist.

<u>Satz 16.5</u>

Sei $X$ ein metrischer Raum, dessen Basis eine Kardinalzahl vom Maß $0$ besitzt. Sei $\mu$ ein nichtatomares Borelsches Maß in $X$ derart, daß gilt:

(i)  Jede Menge von unendlichem Maß besitzt eine Teilmenge von positivem endlichen Maß;

(ii) Jede Menge vom Maß $0$ ist in einer $G_\delta$-Menge vom Maß $0$ enthalten.

Dann läßt sich $X$ darstellen als Vereinigung einer $G_\delta$-Menge vom Maß $0$ und einer Menge von 1.Kategorie.


<u>Beweis</u>

Wählen wir aus jeder Menge der gegebenen Basis einen Punkt aus, so gelangen wir zu einer dichten Menge $S$, deren Mächtigkeit nicht größer als diejenige der Basis ist. Für jede positive Zahl $n$ bezeichne $F_n$ eine maximale Teilmenge von $S$ mit der Eigenschaft, daß $\rho(x, y) \geqslant \frac{1}{n}$ für zwei beliebige verschiedene Punkte von $F_n$ gilt. Wir setzen $D = \bigcup_{n=1}^{\infty} F_n$. Dann ist $D$ dicht in $X$; jede Teilmenge von $D$ ist eine $F_\sigma$-Menge, da jede Teilmenge von $F_n$ abgeschlossen ist. Somit ist $\mu$ für alle Teilmengen von $D$ definiert. Da $\mu$ auf einelementigen Mengen den Wert $0$ annimmt und die Kardinalzahl von $D$ vom Maß $0$ ist, folgt, daß keine Teilmenge von $D$ ein positives endliches Maß besitzt. Aus (i) und (ii) folgt, daß $\mu(D) = 0$ gilt und $D$ in einer $G_\delta$-Menge $E$ vom Maß $0$ enthalten ist. Das Komplement von $E$ ist eine Menge von 1.Kategorie. []

Die Voraussetzung über die Kardinalzahl ist wesentlich. Falls nämlich eine Menge $X$ existiert, deren Kardinalzahl nicht vom Maß $0$ ist, so läßt sich $X$ ummetrisieren, indem man $\rho(x, y) = 1$ für alle $x \neq y$ setzt. Alle Teilmengen von $X$ sind dann offen, und ein nichttriviales endliches, auf allen Teilmengen von $X$ definiertes Maß, das auf den einelementigen Mengen verschwindet, wäre ein den Bedingungen (i) und (ii) genügendes Borelsches Maß, für das die Schlußfolgerung nicht gilt.
Man verifiziert leicht, daß in einem metrischen Raum jedes endliche Borelsche Maß den Bedingungen (i) und (ii) genügt. (Die Familie aller Borelschen Mengen, die eine $F_\sigma$-Teilmenge und eine $G_\delta$- Obermenge vom gleichen Maß besitzen, bildet eine $\sigma$-Algebra, die alle abgeschlossenen Mengen enthält.) Von den in Satz 16.5 gemachten Voraussetzungen können die Bedingungen (i) und (ii) jedoch nicht entbehrt werden. Man betrachte nämlich das Borelsche Maß $\mu$ in $R$, das auf jeder Borelschen Menge $E$ vermöge

$$\mu(E) = \begin{cases} m(E), & E \text{ von 1.Kategorie} \\ \infty, & E \text{ von 2.Kategorie} \end{cases}$$

definiert ist.

# Kapitel 17

# Der Wiederkehrsatz von POINCARÉ

Während seiner Studien auf dem Gebiet der Himmelsmechanik entdeckte POINCARÉ
einen Satz, der wegen seiner Einfachheit und seiner weitreichenden Konsequenzen bemerkenswert ist. Er ist auch dadurch von Bedeutung, daß er den Anstoß gab zum modernen Studium der maßtreuen Transformationen, das unter dem Namen "Ergodentheo-
rie" bekannt ist. Von unserem Standpunkt aus kommt diesem "Wiederkehrsatz" ein be-
sonderes Interesse zu, da POINCARÉ in seinem Beweis sowohl den Maß- als auch den
Kategorie-Begriff vorwegnahm. Seine Abhandlung "Les méthodes nouvelles de la mécanique céleste" [29] wurde kurz vor Einführung der beiden erwähnten Begriffe ver-
öffentlicht.

Sei $X$ eine beschränkte offene Menge des $r$-dimensionalen Raumes und sei $T$ ein vo-
lumtreuer Homöomorphismus von $X$ auf sich, d.h. für eine beliebige offene Menge
$G \subset X$ besitzen $G$ und $TG$ gleiches Volumen. Unter der <u>positiven</u> <u>Halbbahn</u> von $x$
verstehen wir die Menge $\{x, Tx, T^2x, \ldots\}$ (bei gegebenem $T$). Ein Punkt $x$ einer
offenen Menge $G$ heißt <u>rekurrent bezüglich</u> $G$, falls $T^ix$ für unendlich viele positive
ganze Zahlen $i$ zu $G$ gehört. POINCARÉ bewies nun im wesentlichen zwei Sätze, die
sich wie folgt zusammenfassen lassen.

<u>Satz 17.1</u>

Sei $G \subset X$ eine beliebige offene Menge. Dann sind alle Punkte von $G$ mit Ausnahme
derjenigen in einer gewissen Nullmenge von 1.Kategorie rekurrent bezüglich $G$.

Die Aussage hinsichtlich der Kategorie ist implizit in Poincaré's Untersuchung enthalten. POINCARÉ zeigt zunächst, daß die Menge der rekurrenten Punkte dicht in $G$ liegt.
Sein Beweis enthielt die Konstruktion einer Folge ineinandergeschachtelter Gebiete; er
läßt sich letzlich so deuten, daß er auf einen Beweis des Baireschen Satzes für den vor-
liegenden Fall hinausläuft. Da es trivial ist zu zeigen, daß die Menge der bezüglich $G$
rekurrenten Punkte eine $G_\delta$-Menge bildet, darf man die Aussage hinsichtlich der Kategorie POINCARÉ zuschreiben, wenn er sie auch nicht explizit angibt. Dieser Teil der
Überlegung POINCARÉ's wurde dann verallgemeinert und erweitert von G.D. BIRKHOFF
[3, Kap.7]. Die Aussage, die die Kategorie betrifft, wurde explizit formuliert von
HILMY [14].

Die in Satz 17.1 enthaltene Aussage hinsichtlich des Maßes wurde von POINCARE mit
Hilfe des Begriffs der "Wahrscheinlichkeit" formuliert. In diesem Teil seines Bewei-

ses nahm er stillschweigend an, daß eine "Wahrscheinlichkeit" σ-additiv ist, obwohl
dies zur Zeit von POINCARÉ noch nicht in geeigneter Form ausgeführt worden war.
Liest man jedoch seine Beweisführung vor einem adäquaten maßtheoretischen Hinter-
grund, so ist sie vollkommen korrekt. Sie wurde unter Benutzung moderner Begriffe
neu formuliert von CARATHÉODORY [7].

Eine genauere Betrachtung des von Poincaré gegebenen Beweises zeigt, daß man die
Transformation nicht als volumentreu vorauszusetzen braucht. Im ersten Teil seines
Beweises wird diese Voraussetzung lediglich gemacht, um die Möglichkeit auszu-
schließen, daß eine Menge, die paarweise disjunkte Bilder besitzt, offen ist; im zwei-
ten Teil soll sie die Möglichkeit ausschließen, daß eine derartige Menge ein positives
Maß besitzt. Darüber hinaus braucht man $T$ nicht als eineindeutig vorauszusetzen.

Befreit man beide Teile des Satzes von Poincaré von einschränkenden Annahmen, so
sieht man leicht, daß sie in einem einzigen Wiederkehrsatz enthalten sind, den wir nun
formulieren und beweisen werden.

Seien $X$ eine Menge, $S$ ein $\sigma$-Ring von Teilmengen von $X$ und $I$ ein $\sigma$-Ideal in $S$.
Eine Abbildung $T$ von $X$ in $X$ heißt $S$-<u>meßbar</u>, wenn $T^{-1}E \in S$ für jedes $E \in S$ gilt.
Eine Menge $E \subset X$ heißt <u>wandernd</u>, wenn die Mengen $E$, $T^{-1}E$, $T^{-2}E$, ... disjunkt sind.
$T$ heißt <u>dissipativ</u>, wenn es eine wandernde Menge gibt, die zu $S - I$ gehört; sonst
heißt $T$ <u>konservativ</u>. Für jede Menge $E \subset X$ bezeichne $D(E)$ die Menge aller Punkte
$x \in E$ derart, daß $T^i x \in E$ für höchstens endlich viele positive ganze Zahlen $i$ gilt. Man
sagt, $T$ habe die <u>Wiederkehreigenschaft</u>, falls $D(E) \in I$ für jedes $E \in S$ gilt.

<u>Satz 17.2</u>

Eine $S$-meßbare Abbildung $T$ von $X$ in $X$ hat genau dann die Wiederkehreigenschaft,
wenn sie konservativ ist.

<u>Beweis</u>

Wir nehmen an, daß $T$ konvervativ ist. Wir betrachten ein beliebiges $E \in S$ und setzen

$F = E - \bigcup_{k=1}^{\infty} T^{-k}E$. Da $T$ $S$-meßbar ist und $S$ einen $\sigma$-Ring bildet, gehört $F$ zu $S$. Für

beliebige ganze Zahlen $i, j$ mit $0 \leqslant i < j$ haben wir $T^{-j}F \cap T^{-i}F \subset T^{-j}E - \bigcup_{k=1}^{\infty} T^{-i-k}E = \emptyset$.

Dies zeigt, daß $F$ und jede der Mengen $T^{-k}F$, $k = 1, 2, \ldots$, wandernd sind. Da diese
Mengen sämtlich zu $S$ gehören und $T$ konservativ ist, folgt, daß $T^{-k}F \in I$ für alle

$k \geqslant 0$ gilt. Da $I$ ein $\sigma$-Ideal ist, gehören die Vereinigung $\bigcup_{k=0}^{\infty} T^{-k}F$ und folglich auch $H =$

$= E \cap \bigcup_{k=0}^{\infty} T^{-k}F$ zu $I$. Nun besteht aber $T^{-k}F$ aus denjenigen Punkten $x$, für die $T^k x \in E$

und $T^i x \in X - E$ für alle $i > k$ gilt. Dies führt zu $H = D(E)$. Wir haben also gezeigt,
daß $D(E) \in I$, $E \in S$ gilt. Dies bedeutet, daß $T$ die Wiederkehreigenschaft hat.

Ist umgekehrt  T  dissipativ, so existiert eine zu  S - I  gehörige wandernde Menge  E .
Es gilt dann  $D(E) = E$  und wir haben zwar  $E \in S$ , aber  $D(E) \notin I$ . Dies zeigt, daß
T  nicht die Wiederkehreigenschaft besitzt. $\Box$

Beide Teile von Satz 17.1 folgen aus Satz 17.2. Wir nehmen zunächst an, daß  T  eine
maßtreue Transformation einer beschränkten offenen Teilmenge  X  des r-dimensionalen
Raumes auf sich ist. Sei  S  die σ-Algebra der meßbaren Teilmengen von  X  und sei  I
das σ-Ideal der Nullmengen. Dann ist  T  S-meßbar. Da das Maß von  X  endlich ist, muß
jede meßbare wandernde Menge eine Nullmenge sein, so daß  T  konservativ ist. Daher
besitzt  T  auf Grund des vorangehenden Satzes die Wiederkehreigenschaft. Dies bedeutet,
daß fast alle Punkte einer beliebigen meßbaren Menge  E  nach  E  unendlich oft unter
der Iteration von  T  zurückkehren. Insbesondere sind für eine gegebene offene Menge
$G \subset X$  alle Punkte von  G  mit Ausnahme derjenigen, die in einer gewissen Menge vom
Maß  0  liegen, rekurrent bezüglich  G .

Wir nehmen nun an, daß  T  ein Homöomorphismus eines metrischen Raumes auf sich ist
mit der Eigenschaft, daß es keine nichtleere offene wandernde Menge gibt. (Dies ist der
Fall, wenn  X  eine beschränkte offene Menge des r-dimensionalen Raumes ist, und wenn
T  volumentreu ist.) Wir nehmen für  S  die σ-Algebra von Teilmengen von  X , die die Bairesche Eigenschaft besitzen;  I  bezeichne das σ-Ideal der Mengen von 1.Kategorie in  X .
Dann ist  T  S-meßbar. Auf Grund des Kategorie-Satzes von BANACH existiert eine größte
offene Menge  H  von 1.Kategorie. Sei  $Y = X - \bar{H}$ . Dann ist jede nichtleere offene Teilmenge von  Y  von 2.Kategorie. Es ist klar, daß  H  und demnach auch  Y  invariant unter  T  sind. Sei  E  irgendeine wandernde Menge, die die Bairesche Eigenschaft besitzt.
Dann gilt  $E = G \triangle P$ , worin  G  offen und  P  von 1.Kategorie sind. Wir dürfen  $G \subset Y$  annehmen. Für beliebige ganze Zahlen  i, j  mit  $0 \leqslant i < j$  haben wir  $T^{-i}E \cap T^{-j}E = \emptyset$ , wo-
raus sich  $T^{-i}G \cap T^{-j}G = (T^{-i}P \cap T^{-j}G) \triangle (T^{-i}G \cap T^{-j}P) \triangle (T^{-i}P \cap T^{-j}P) \subset T^{-i}P \cup T^{-j}P$  ergibt. Daher ist  $T^{-i}G \cap T^{-j}G$  eine offene Teilmenge von  Y  von 1.Kategorie, also leer.
Dies impliziert, daß  G  eine offene, wandernde Menge, also leer ist. Somit ist jede wandernde Menge mit der Baireschen Eigenschaft von 1.Kategorie.  T  ist also konservativ
und besitzt daher die Wiederkehreigenschaft. Dies bedeutet, daß für eine Menge  E  mit
der Baireschen Eigenschaft alle Punkte von  E  mit Ausnahme von solchen, die eine Menge von 1.Kategorie bilden, unendlich oft unter der Iteration von  T  nach  E  zurückkehren. Insbesondere sind für eine beliebige offene Menge  $G \subset X$  alle Punkte mit Ausnahme
von solchen in einer gewissen Menge von 1.Kategorie rekurrent bezüglich  G .
Satz 17.1 wird manchmal Poincaréscher Wiederkehrsatz genannt, wenngleich diese Bezeichnung eigentlich eher zum folgenden Satz paßt, den wir nun herleiten wollen. Wir benötigen zunächst eine weitere Definition. Ein Punkt  x  heiße <u>rekurrent unter</u>  T , falls
er rekurrent bezüglich jeder seiner Umgebungen ist. (POINCARE nannte einen derartigen Punkt "stable à la POISSON".)

<u>Satz 17.3</u> (<u>Wiederkehrsatz</u> <u>von</u> POINCARÉ)

Ist T ein maßtreuer Homöomorphismus einer beschränkten offenen Teilmenge X des
r-dimensionalen Raumes auf sich, dann sind alle Punkte von X bis auf solche in einer
gewissen Nullmenge von 1.Kategorie rekurrent unter T .


<u>Beweis</u>

Sei $U_1$, $U_2$, ... eine höchstens abzählbare Basis für X . Sei $E_k$ die Menge aller
Punkte $x \in U_k$ derart, daß $T^i x \in U_k$ für höchstens endlich viele positive Zahlen i gilt.
Auf Grund von Satz 17.1 ist jede der Mengen $E_k$ eine Nullmenge von 1.Kategorie. Dar-
aus ergibt sich, daß auch die Menge $E = \bigcup_{k=1}^{\infty} E_k$ eine Nullmenge von 1.Kategorie ist.

Gilt $x \in X - E$ und ist U eine beliebige Umgebung von x , dann haben wir $x \in U_k \subset U$
für ein gewisses k , sowie $x \notin E_k$ . Daher haben wir $T^i x \in U$ für unendlich viele positive ganze Zahlen i . Folglich ist jeder Punkt der Menge X - E rekurrent unter T . $\square$


Die Bedeutung dieses Satzes für die Theorie der dynamischen Systeme beruht auf folgenden Überlegungen. In der klassischen Mechanik wird die Konfiguration eines Systems
durch endlich viele Koordianten $q_1$, $q_2$, ..., $q_N$ beschrieben. Ein "Zustand" des Systems wird durch die augenblicklichen Werte dieser Koordinaten und der entsprechenden
Momente $p_1$, $p_2$, ..., $p_N$ festgelegt. Diese 2N Werte lassen sich als Punkte im 2N-
dimensionalen Raum darstellen. Diese Punkte bilden zusammen den <u>Phasenraum</u> des
Systems. Die Punkte des Phasenraums repräsentieren alle möglichen Zustände des Systems. Da sich der Zustand des Systems entsprechend den Bewegungsgleichungen für das
System zeitlich ändert, beschreibt der darstellende Punkt eine Bahn im Phasenraum.
Verfolgen wir die Bewegung während der Zeit 1, so geht irgendein Punkt x im Phasenraum über in einen Punkt Tx . Somit bestimmen die Bewegungsgleichungen, betrachtet
für einen Zeitraum der Länge 1 , eine Transformation T des Phasenraums in sich. Die
grundlegenden Existenz- und Eindeutigkeitssätze für Lösungen von Systemen von Differentialgleichungen implizieren, daß T ein Homöomorphismus ist, falls die Terme der Glei-
chungen hinreichend stetig und differenzierbar sind. Weiter haben die Newtonschen Glei-
chungen bei Benutzung geeigneter Koordinaten und Momente (Hamiltonsche Form) die
Eigenschaft, daß die Transformation T das 2N - dimensionale Lebesguesche Maß invariant läßt. Dieses Resultat ist als <u>Liouvillescher</u> <u>Satz</u> bekannt. (Es handelt sich hier
um denselben Autor wie in Kap. 2.) Für ein konservatives System ist die Gesamtener-
gie konstant. Daher führt T Flächen konstanter Energie in sich über. Für gewisse
Systeme läßt sich zeigen, daß der Teil des Phasenraumes, in dem die Energie in geeigneter Weise eingeschränkt ist, eine beschränkte offene Teilmenge des 2N - dimensionalen Raumes bildet. In diesem Fall impliziert Satz 17.3, daß für fast alle Anfangszu-
stände (im Sinne von Maß oder Kategorie) das System seinem Anfangszustand unendlich
oft beliebig nahe kommt. POISSON hatte versucht, diese Art von Stabilität für das "ein-
geschränkte Dreikörperproblem" mit Hilfe einer (fehlerhaften) Überlegung zu beweisen,

die sich auf gewisse Arten von Termen stützte, wie sie in einigen Reihenentwicklungen auftreten. POINCARÉ lieferte den korrekten Beweis mit Hilfe einer revolutionär neuen Methode. Dies war einer der ersten Triumphe der modernen "qualitativen" Theorie der Differentialgleichungen, deren Schöpfer POINCARÉ ist.

Weitere Arbeiten über die Theorie der maßtreuen Transformationen haben gezeigt, daß sich der Satz von POINCARÉ weitgehend verallgemeinern läßt. Der "Ergodensatz" von G.D. BIRKHOFF (1931) besagt, daß unter einer maßtreuen Transformation einer Menge von endlichem Maß auf sich fast alle Punkte einer beliebigen Menge $E$ nach $E$ nicht nur unendlich oft zurückkehren, sondern daß sie dies auch mit einer wohlbestimmten positiven Grenzfrequenz tun. Bezeichnet $\chi_E$ die Indikatorfunktion der Menge $E$ , so gilt genauer: Die Grenzfrequenz

$$f(x) = \lim_{n \to \infty} \frac{1}{n} \sum_{i=0}^{n-1} \chi_E (T^i x)$$

existiert und ist positiv für fast alle $x \in E$ . Ersichtlich geht dieses Resultat weit über den Satz 17.1 hinaus. Es ist jedoch bemerkenswert, daß diese Verfeinerung des Satzes von Poincaré i.a. falsch im Sinne der Kategorie-Theorie ist; die Menge der Punkte $x$ , für die $f(x)$ definiert ist, ist u.U. lediglich von 1.Kategorie. Die Analogie zwischen Kategorie und Maß geht in diesem Fall ziemlich weit, aber sie hört schließlich auf.

# Kapitel 18
# Transitive Transformationen

Wir haben viele Beispiele für die Anwendung der Kategorie-Methode gegeben, aber sie diente in den meisten Fällen lediglich dazu, neue und manchmal einfachere Existenzbeweise für Objekte zu geben, deren Existenz längst bekannt war. Liouvillesche Zahlen, nirgends differenzierbare stetige Funktionen sowie Brouwer's Transformation des Einheitsquadrats waren schon vor der Anwendung der Kategorie-Methode bekannt. Es mag daher von Interesse sein, ein Problem zu betrachten, das zuerst mit Hilfe der Kategorie-Methode gelöst wurde.

<u>Problem 18.1</u>

Man finde einen Homöomorphismus $T$ des abgeschlossenen Einheitsquadrats auf sich derart, daß die positive Halbbahn $\{x, Tx, T^2x, \dots\}$ eines gewissen Punktes $x$ dicht im Einheitsquadrat ist.

Ein Automorphismus $T$ eines topologischen Raumes $X$ heißt <u>transitiv</u>, falls ein Punkt $x$ existiert, dessen <u>Bahn</u> $\{T^nx: n = 0, \pm 1, \pm 2, \dots\}$ dicht im $X$ ist. Ist $X$ ein vollständiger separabler metrischer Raum ohne isolierte Punkte, so folgt aus der Existenz eines derartigen Punktes, daß die Punkte, deren positive Halbbahn dicht ist, eine Residual-Menge in $X$ bilden. Ist nämlich $\{U_i\}$ eine höchstens abzählbare Basis, so setzen wir

$$G_j = \bigcup_{n=0}^{\infty} T^{-n}U_j \, , \quad j = 1, 2, \dots$$

und

$$E = \bigcap_{j=1}^{\infty} G_j \, .$$

Dann gilt $x \in E$ genau dann, wenn die positive Halbbahn von $x$ dicht in $X$ liegt. Für zwei beliebige positive ganze Zahlen $i$ und $j$ gilt $T^nU_i \cap U_j \neq \emptyset$ oder $T^nU_j \cap U_i \neq \emptyset$ für eine gewisse ganze Zahl $n \geqslant 0$. Liegt der zweite Fall vor, so gehören sowohl $x$ als auch $T^mx$ zu $T^nU_j \cap U_i$ für ein gewisses $x$ und ein gewisses $m > n$, da jede nichtleere offene Menge unendlich viele Punkte jeder dichten Bahn enthält. Es ergibt sich somit in jedem Fall $U_i \cap G_j \neq \emptyset$. Daher ist $G_j$ eine dichte offene Menge, so daß $E$ residual in $X$ ist. Somit ist folgendes Problem äquivalent zum Problem 18.1: Man finde einen transitiven Automorphismus des abgeschlossenen Einheitsquadrats.

Gewisse Räume besitzen einen transitiven Automorphismus, während andere wiederum keinen besitzen. Beispielsweise ist kein Automorphismus des Einheitsintervalls transitiv. Die Multiplikation mit $e^{2\pi i\alpha}$, $\alpha$ irrational, definiert dagegen eine transitive Rotation des Einheitskreises in der komplexen Ebene. Ein explizites Beispiel für einen transitiven Automorphismus der Ebene stammt von BESICOVITCH [2]; es ist jedoch nicht leicht, einen solchen für das abgeschlossene Einheitsquadrat anzugeben, geschweige denn einen, der zusätzlich flächentreu ist oder die Randpunkts festläßt. Die Existenz derartiger Transformationen wurde zuerst mit Hilfe der Kategorie-Methode bewiesen [24]. Ähnliche Überlegungen zeigen, daß eine beliebige offene Teilmenge des r-dimensionalen euklidischen Raumes einen transitiven Automorphismus besitzt, $r \geqslant 2$. Die Kategorie-Methode ließ sich auch erfolgreich anwenden, um die generelle Existenz von Automorphismen zu beweisen, die eine viel stärkere Eigenschaft von ähnlicher Art besitzen; man nennt sie <u>metrische</u> <u>Transitivität</u> [28].

Man betrachte den Raum H aller Automorphismen des Einheitsquadrats X mit der Metrik der gleichmäßigen Konvergenz

$$\rho(S, T) = \sup |Sx - Tx| \; .$$

H ist aus demselben Grund wie im eindimensionalen Fall topologisch vollständig (vgl. Kap. 13). Sei T transitiv und sei x ein Punkt, dessen positive Halbbahn dicht ist. Sei $\varepsilon > 0$ hinreichend klein gewählt derart, daß der Kreis vom Radius $\varepsilon$ mit dem Mittelpunkt x ganz in X verläuft. Sei n die kleinste positive ganze Zahl derart, daß $|x - T^n x| < \varepsilon$ gilt. Man wähle eine offene Kreisscheibe U mit dem Mittelpunkt x , deren Radius kleiner als $\varepsilon$ ist derart, daß $T^n x$ im Innern von U liegt und $Tx, T^2 x, \ldots, T^{n-1} x$ zu $X - \bar{U}$ gehören. Wir können dann eine abgeschlossene Kreisscheibe D mit dem Mittelpunkt x derart finden, daß D und $T^n(D)$ in U enthalten sind, während $T(D), T^2(D), \ldots, T^{n-1}(D)$ in X - U liegen. Sei S ein Automorphismus von X , der außerhalb von U mit der Identität übereinstimmt und der innerhalb von U gleich ist einer radialen Kontraktion, die $T^n(D)$ auf eine Teilmenge des Innern von D abbildet. Dann ist $S \circ T$ ein Automorphismus von X derart, daß $(S \circ T)^n D$ auf eine Teilmenge seines Innern abbildet. Folglich ist $S \circ T$ nicht transitiv, und dies gilt auch für jeden Automorphismus, der hinreichend nahe bei $S \circ T$ im Raum H liegt. Wir haben jedoch $\rho(S \circ T, T) < \varepsilon$. Dies zeigt, daß die transitiven Automorphismen lediglich eine nirgends dichte Teilmenge von H bilden. Der Satz von Baire gibt - angewendet auf H - keine Auskunft darüber, ob derartige Transformationen existieren. Die Kategorie-Methode scheint zu versagen! Nehmen wir nun einmal an, wir erschweren das Problem und fordern zusätzlich, daß T maßtreu ist! Es liegt dann nahe, den mit der obigen Metrik versehenen Raum M aller maßtreuen Automorphismen des Einheitsquadrats zu betrachten. Da M eine abgeschlossene Teilmenge von H ist, ist M topologisch vollständig.

Sei $\{U_i\}$ eine Aufzählung aller in X enthaltenen offenen Quadrate mit rationalen Eckpunkten. Für beliebige positive ganze Zahlen i und j setzen wir

$$E_{ij} = \bigcup_{k=1}^{\infty} \{T \in M : U_i \cap T^{-k} U_j \neq \emptyset\} \; .$$

Es ist klar, daß die Menge $E_{ij}$ offen in $M$ ist. Ist sie dicht? Zunächst betrachten wir die Mengen

$$P_{ij} = \{T \in M : T^j x = x \text{ für alle } x \in U_i\}$$

sowie

$$P = \bigcup_{i,j} P_{ij} .$$

Offenbar sind die Mengen $P_{ij}$ abgeschlossen in $M$ . Gehört $T$ zu $P_{ij}$ , dann hat jeder Punkt aus $U_i$ eine Periode, die $j$ teilt. Folglich können wir eine in $U_i$ enthaltene Kreisscheibe $D$ mit beliebig kleinem Radius derart finden, daß für eine gewisse positive ganze Zahl $k$ (ein Teiler von $j$) die Mengen $D, T(D), \ldots, T^{k-1}(D)$ disjunkt sind und $T^k$ gleich der Identität auf $D$ ist. Sei $S$ ein maßtreuer Automorphismus von $X$ , der einen gewissen zu $D$ konzentrischen Kreisring um ein irrationales Vielfaches von $\pi$ dreht und gleich der Identität außerhalb von $D$ ist. Dann ist kein Punkt dieses Kreisringes periodisch unter $S \circ T$ , so daß $S \circ T$ zu $M - P_{ij}$ gehört und $\rho(S \circ T, T)$ beliebig klein ist. Folglich ist $P_{ij}$ nirgends dicht; damit ist $P$ von 1.Kategorie in $M$ . Die Menge $M - P$ enthält alle maßtreuen Automorphismen des Einheitquadrats, die nicht-periodische Punkte in jeder nichtleeren offenen Teilmenge des Einheitsquadrats besitzen.

Für beliebige $i$ und $j$ , für jedes $T \in M - P$ und beliebiges $\varepsilon > 0$ konstruieren wir eine Transformation $S$ wie folgt. Wir verbinden einen Punkt von $U_i$ mit einem solchen aus $U_j$ durch eine Strecke. Wir wählen Punkte $p_1, p_2, \ldots, p_{N+1}$ dieser Strecke derart, daß $p_1 \in U_i$, $p_{N+1} \in U_j$ und $|p_k - p_{k+1}| < \frac{\varepsilon}{2}$, $k = 1, 2, \ldots, N$ , gilt. Wir wählen eine positive Zahl $\delta < \frac{1}{2} \min |p_k - p_{k+1}|$ derart, daß die $\delta$-Umgebungen von $p_1$ und $p_{N+1}$ in $U_i$ bzw. $U_j$ enthalten sind. Weiter sei ein nicht-periodischer Punkt $x_1$ in der $\delta$-Umgebung von $p_1$ so gewählt, daß ein gewisser Punkt $T^{n_1} x$ seiner positiven Halbbahn in derselben Umgebung liegt. Dies ist möglich, da die unter $T$ rekurrenten Punkte auf Grund von Satz 17.3 eine Residual-Menge im Einheitsquadrat bilden; dies gilt bei beliebigem $T \in M - P$ auch für die Menge der nicht-periodischen Punkte. Ähnlich wählen wir für $k = 2, \ldots,$ $N + 1$ einen nicht-periodischen Punkt $x_k$ in der $\delta$-Umgebung von $p_k$ derart, daß $T^{n_k} x_k$ in dieser Umgebung für ein gewisses $n_k > 0$ liegt. Weiter sei $x_k$ so gewählt, daß es nicht zur Bahn eines der Punkte $x_1, \ldots, x_{k-1}$ gehört. Dann sind sämtliche Punkte der Menge

$$F = \left\{ T^n x_k : 0 \leqslant n \leqslant n_k , \ 1 \leqslant k \leqslant N + 1 \right\}$$

verschieden, und es gilt die Abschätzung

$$|T^{n_k} x_k - x_{k+1}| \leqslant |T^{n_k} x_k - p_k| + |p_k - p_{k+1}| + |p_{k+1} - x_{k+1}| < \delta + \frac{\varepsilon}{2} + \delta < \varepsilon|$$

für $k = 1, 2, \ldots, N$. Folglich existieren disjunkte offene Gebiete $R_1, \ldots, R_N$, deren Durchmesser kleiner als $\varepsilon$ ist derart, daß

$$R_k \cap F = \left\{ T^{n_k} x_k, x_{k+1} \right\}, \quad k = 1, 2, \ldots, N,$$

gilt. (Jedes $R_k$ läßt sich als eine Umgebung eines Polygonzuges wählen, der $T^{n_k} x_k$ und $x_{k+1}$ verbindet.) Es ist nun leicht, eine zu $M$ gehörende Transformation $S$ zu definieren, die außerhalb der Gebiete $R_1, \ldots, R_N$ mit der Identität übereinstimmt und die $T^{n_k} x_k$ in $x_{k+1}$ abbildet, $k = 1, \ldots, N$. Der Automorphismus

$$(S \circ T)^{n_1 + n_2 + \ldots + n_N}$$

führt dann $x_1$ in $x_{N+1}$ über. Daher gehört $S \circ T$ zu $E_{ij}$. Wegen $\rho(S \circ T, T) < \varepsilon$ liegt $E_{ij}$ dicht in $M$. Nach dem Baireschen Kategorie-Satz ist die Menge $\bigcap\limits_{i,j} E_{ij}$ eine in $M$ dichte $G_\delta$-Menge und demnach nichtleer. Für jedes $T \in \bigcap E_{ij}$ haben wir

$$U_i \cap \bigcup_{k=1}^{\infty} T^{-k} U_j \neq \emptyset$$

für beliebige $i$ und $j$. Die Mengen

$$G_j = \bigcup_{k=1}^{\infty} T^{-k} U_j$$

sind daher offen und dicht im Einheitsquadrat. Wieder auf Grund des Baireschen Kategorie-Satzes gilt $\bigcap G_j \neq \emptyset$. Für jeden in dieser Menge liegenden Punkt $x$ ist die Folge $\{x, Tx, T^2 x, \ldots\}$ dicht im Einheitsquadrat. Somit ist jedes $T \in \bigcap E_{ij}$ transitiv.

# Kapitel 19

# Der Dualitätssatz von SIERPINSKI-ERDÖS

Der Kategorie-Begriff ist hauptsächlich bei der Formulierung von Existenzsätzen nützlich; man könnte dies als seine Teleskop-Funktion bezeichnen. Der Bairesche Satz erlaubt uns, mathematische Objekte, die sonst schwer zu sehen wären, sichtbar zu machen.
Das Kategorie-Studium dient jedoch auch noch einem anderen Zweck. Indem wir die Maß-
und Kategorie-Theorie gleichzeitig entwickelten und unsere Aufmerksamkeit ihren Ähn-
lichkeiten und Verschiedenheiten zuwandten, versuchten wir zu zeigen, wie sich diese
beiden Theorien gegenseitig erhellen. Da die Maßtheorie ausgedehnter und wichtiger
als die Kategorie-Theorie ist, kommt der Nutzen hauptsächlich der Maßtheorie zugute.
Man könnte dies als stereoskopische Funktion des Kategorie-Studiums bezeichnen: es
fügt der Maßtheorie neue Perspektiven hinzu! Die Anregung, nach einem Kategorie- oder
Maßtheorie-Analogon zu suchen, erwies sich oft als nützlich. In diesem und den folgenden Kapiteln werden wir die Dualität, die wir zwischen Maß und Kategorie bemerkten,
näher untersuchen, um zu sehen, wie weit sie im Fall der Zahlengeraden und anderer
Räume geht, und um aufzudecken, was ihr zugrunde liegt.
Wir erinnern an einige Gemeinsamkeiten, die zwischen der Familie der Nullmengen und
der Familie der Mengen von 1.Kategorie auf der Zahlengeraden bestehen. Beide sind
$\sigma$-Ideale. Beide enthalten sämtliche höchstens abzählbare Mengen. Beide enthalten gewisse Mengen der Mächtigkeit $c$. Beide Familien haben die Mächtigkeit $2^c$ (abweichend
vom $\sigma$-Ideal der höchstens abzählbaren Mengen, das die Mächtigkeit $c$ besitzt). Keine
der beiden Familien enthält ein Intervall; das Komplement einer Menge, die einer der
beiden Familien angehört, ist dicht auf der Zahlengeraden. Beide Familien sind invariant gegenüber Translationen. Jede Menge, die einer der beiden Familien angehört,
liegt in einer Borelschen Menge derselben Familie.
Wir haben auch einige Unterschiede festgestellt. Jede Nullmenge ist in einer $G_\delta$- Menge
von 1.Kategorie enthalten, während jede Menge von 1.Kategorie in einer $F_\sigma$- Menge
von 1.Kategorie enthalten ist. Keine der beiden Familien enthält die andere. Die Zahlengerade läßt sich in zwei komplementäre Mengen zerlegen, von denen die eine von
1.Kategorie, die andere vom Maß $0$ ist.
Eine weitere Ähnlichkeit, die wir nicht explizit erwähnt haben, beinhaltet der folgende

<u>Satz 19.1</u>
Das Komplement einer beliebigen linearen Nullmenge enthält eine Nullmenge der Mächtig-

keit  c . Das Komplement einer beliebigen linearen Menge von 1.Kategorie enthält eine
Menge von 1.Kategorie der Mächtigkeit  c .


### Beweis

Auf Grund von Satz 3.18 enthält das Komplement einer Nullmenge eine überabzählbare,
abgeschlossene Menge; letztere enthält nach Lemma 5.1 eine abgeschlossene Nullmenge
der Mächtigkeit  c .
Das Komplement einer Menge von 1.Kategorie enthält eine überabzählbare $G_\delta$ - Menge.
Wegen Lemma 5.1 enthält diese eine nirgends dichte Menge der Mächtigkeit  c . $\square$


Die Eigenschaften dieser beiden $\sigma$- Ideale lassen vermuten, daß sie vielleicht einander
"ähnlich" in folgendem Sinne sind. Eine Familie  K  von Teilmengen von  X  heißt ähnlich einer Familie  L  von Teilmengen von  Y , falls es eine eineindeutige Abbildung  f
von  X  auf  Y  derart gibt, daß genau dann  $f(E) \in L$  gilt, wenn  $E \in K$  gilt.
Im Jahre 1934 bewies SIERPINSKI [34] den folgenden


### Satz 19.2 (SIERPINSKI)

Unter der Voraussetzung der Kontinuumhypothese existiert eine eindeutige Abbildung  f
der Zahlengeraden auf sich derart, daß  $f(E)$  genau dann das Maß  0  besitzt, wenn  E
von 1.Kategorie ist.
Dieser Satz erklärt viele Gemeinsamkeiten, die wir festgestellt haben. Er rechtfertigt
das folgende Dualitätsprinzip: Sei  P  eine Aussage, in der lediglich der Begriff der Nullmenge und Begriffe der reinen Mengenlehre vorkommen ( z.B. "Kardinalzahl", "Dis-
junktheit" oder irgendeine andere Eigenschaft, die gegenüber beliebigen eineindeutigen
Abbildungen invariant ist). Sei  $P^*$  diejenige Aussage, die aus  P  dadurch hervorgeht,
daß überall "Nullmenge" durch "Menge von 1.Kategorie" ersetzt wird. Unter der Voraussetzung der Kontinuumhypothese sind dann die Aussagen  P  und  $P^*$  äquivalent.
Es ist nicht bekannt, ob sich der Satz von Sierpinski ohne Annahme der Kontinuumhypothese beweisen läßt. SIERPINSKI warf die Frage auf, ob ein stärkerer Satz gilt:
Existiert eine Abbildung  f , die jede der beiden Klassen auf die andere abbildet? Diese
Frage wurde im Jahre im Jahre 1943 von ERDÖS [10] beantwortet. Mit Hilfe einer relativ geringfügigen Verfeinerung des Beweises von SIERPINSKI bewies Erdös den folgenden


### Satz 19.3 (ERDÖS)

Unter der Voraussetzung der Kontinuumhypothese existiert eine  eineindeutige Abbildung f
der Zahlengeraden auf sich derart, daß  $f = f^{-1}$  gilt und  $f(E)$  genau dann das Maß  0  besitzt, wenn  E  von 1.Kategorie ist. (Es ergibt sich aus den obigen Eigenschaften, daß
$f(E)$  genau dann von 1.Kategorie ist, wenn  E  eine Nullmenge ist.)
Dieser Satz ist insofern von Interesse, als er eine strengere Form der Dualität impliziert, die sich wie folgt formulieren läßt.

<u>Satz 19.4</u> (<u>Dualitätsprinzip</u>)

Sei $P$ eine beliebige Aussage, in der lediglich die Begriffe "Nullmenge", "Menge von
1.Kategorie" und Begriffe der reinen Mengenlehre vorkommen. Sei $P^*$ die Aussage,
die aus $P$ durch Vertauschung der Begriffe "Nullmenge" und "Menge von 1.Kategorie"
an allen Stellen, an denen sie auftreten, hervorgeht. Unter der Voraussetzung der Kontinuumhypothese sind die Aussagen $P$ und $P^*$ äquivalent.

Wir beweisen den Satz von SIERPINSKI-ERDÖS mit Hilfe des folgenden rein mengentheoretischen

<u>Satz 19.5</u>

Sei $X$ eine Menge der Mächtigkeit $\aleph_1$ , und sei $K$ eine Familie von Teilmengen von
$X$ mit folgenden Eigenschaften:

(a)  $K$ ist ein $\sigma$-Ideal;

(b)  Die Vereinigung aller Mengen aus $K$ ist gleich $X$ ;

(c)  $K$ besitzt eine Teilfamilie $G$ , deren Mächtigkeit höchstens gleich $\aleph_1$ ist derart,
     daß jede Menge aus $K$ in einer gewissen Menge aus $G$ enthalten ist;

(d)  Das Komplement einer beliebigen Menge aus $K$ enthält eine Menge der Mächtigkeit
     $\aleph_1$ , die zu $K$ gehört.

Dann läßt sich $X$ in $\aleph_1$ disjunkte Mengen $X_\alpha$ der Mächtigkeit $\aleph_1$ zerlegen derart,
daß eine Teilmenge $E$ von $X$ genau dann zu $K$ gehört, wenn $E$ in einer höchstens abzählbaren Vereinigung von Mengen der Familie $\{X_\alpha\}$ enthalten ist.

<u>Beweis</u>

Sei $A = \{\alpha : 0 \leqslant \alpha < \Omega\}$ die Familie aller Ordinalzahlen erster oder zweiter Art, d.h.
aller Ordinalzahlen, die kleiner als die erste Ordinalzahl, $\Omega$ , sind, die überabzählbar
viele Vorgänger besitzt. $A$ besitzt dann die Mächtigkeit $\aleph_1$ und es existiert eine Abbildung $\alpha \to G_\alpha$ von $A$ auf $G$ . Für jedes $\alpha \in A$ setzen wir

$$H_\alpha = \bigcup_{\beta \leqslant \alpha} G_\beta \ , \quad K_\alpha = H_\alpha - \bigcup_{\beta < \alpha} H_\beta$$

und $B = \{\alpha \in A : K_\alpha$ ist überabzählbar$\}$. Die Eigenschaften (a), (c) und (d) implizieren, daß $B$ keine obere Schranke in $A$ besitzt. Es existiert daher eine eineindeutige
isotone Abbildung $\varphi$ von $A$ auf $B$ . Wir setzen für jedes $\alpha \in A$

$$X_\alpha = H_{\varphi(\alpha)} - \bigcup_{\beta < \alpha} H_{\varphi(\beta)} \ .$$

Auf Grund der Konstruktion und der Eigenschaft (a) sind die Mengen $X_\alpha$ disjunkt und
gehören zu $K$ . Wegen $X_\alpha \supset K_{\varphi(a)}$ haben sämtliche Mengen $X_\alpha$ die Mächtigkeit $\aleph_1$ .
Zu jedem $\beta \in A$ existiert ein $\alpha \in A$ mit $\beta < \varphi(\alpha)$, woraus sich

$$G_\beta \subset H_\beta \subset H_{\varphi(\alpha)} = \bigcup_{\gamma \leqslant \alpha} X_\gamma$$

ergibt. Wegen (c) ist daher jedes Element von $K$ in einer abzählbaren Vereinigung von Mengen aus der Familie $\{X_\alpha\}$ enthalten. Mit (b) ergibt sich

$$X = \bigcup K_\alpha \subset \bigcup_{\alpha \in A} X_\alpha \; .$$

Folglich ist $\{X_\alpha : \alpha \in A\}$ eine Zerlegung von $X$ mit den gewünschten Eigenschaften. []

## Satz 19.6

Sei $X$ eine Menge der Mächtigkeit $\aleph_1$ . Seien $K$ und $L$ zwei Familien von Teilmengen von $X$ , die beide die in Satz 19.5 genannten Eigenschaften (a)-(d) besitzen. Weiter gelte, daß $X$ die Vereinigung zweier komplementärer Mengen $M$ und $N$ mit $M \in K$ und $N \in L$ ist. Dann existiert eine eineindeutige Abbildung $f$ von $X$ auf sich mit $f = f^{-1}$ derart, daß $f(E) \in L$ äquivalent ist zu $E \in K$ .

## Beweis

Sei $X_\alpha$ , $0 \leqslant \alpha < \Omega$ , eine zu $K$ gehörige Zerlegung von $X$ , wie sie in Satz 19.5 konstruiert wurde. Wir dürfen annehmen, daß $M$ zur erzeugenden Familie $G$ gehört und daß $G_0$ gleich $M$ gewählt wird. Wir haben dann $X_0 = M$ , da $M$ offenbar überabzählbar sein muß. Ähnlich sei $Y_\alpha$ , $0 \leqslant \alpha < \Omega$ , eine zu $L$ gehörige Zerlegung von $X$ mit $Y_0 = N$ . Wir haben dann

$$M = \bigcup_{0 < \alpha < \Omega} Y_\alpha \quad \text{und} \quad N = \bigcup_{0 < \alpha < \Omega} X_\alpha \; .$$

Die Mengen $X_\alpha$ und $Y_\alpha$ , $0 < \alpha < \Omega$ , bilden eine Zerlegung von $X$ in Mengen der Mächtigkeit $\aleph_1$ . Für jedes $0 < \alpha < \Omega$ bezeichne $f_\alpha$ eine eineindeutige Abbildung von $X_\alpha$ auf $Y_\alpha$ . Wir setzen $f$ gleich $f_\alpha$ auf $X_\alpha$ und gleich $f_\alpha^{-1}$ auf $Y_\alpha$ , $0 < \alpha < \Omega$ . Dann ist $f$ eine eineindeutige Abbildung von $X$ auf sich; es gilt $f = f^{-1}$ und $f(X_\alpha) = Y_\alpha$, $0 < \alpha < \Omega$ . Wegen

$$X_0 = \bigcup_{0 < \alpha < \Omega} Y_\alpha \quad \text{und} \quad Y_0 = \bigcup_{0 < \alpha < \Omega} X_\alpha$$

haben wir auch $f(X_0) = Y_0$ , so daß $f(X_\alpha) = Y_\alpha$ , $0 \leqslant \alpha < \Omega$ , gilt. Aus den in Satz 19.5 genannten Eigenschaften von $X_\alpha$ und $Y_\alpha$ ergibt sich, daß $f(E) \in L$ gleichbedeutend mit $E \in K$ ist. []

Satz 19.3 ist eine unmittelbare Folgerung aus Satz 19.6. Für $X$ wählen wir die Zahlengerade, für $K$ die Familie der Mengen von 1.Kategorie und für $L$ die Familie der Nullmengen. $K$ wird erzeugt durch die Familie der $F_\sigma$-Mengen von 1.Kategorie, während $L$ durch die Familie der $G_\delta$-Nullmengen erzeugt wird. Jede dieser erzeugenden Familien hat die Mächtigkeit $c$ . Die Bedingung (c) ist daher erfüllt im Falle $c = \aleph_1$ . Die Bedingung (d) folgt aus Satz 19.1, während die Bedingungen (a) und (b) ersichtlich erfüllt sind. Für die Mengen $M$ und $N$ können wir die in Satz 1.6. auftretenden Mengen $A$ bzw. $B$ nehmen.

# Kapitel 20
# Beispiele für Dualität


In seinem 1934 erschienenen Buch "Hypothèse du continu" [35] gab SIERPINSKI eine
Reihe von Beispielen für duale Aussagen (im eingeschränkten Sinne, da der Satz von
ERDÖS noch nicht bewiesen worden war). Wir werden hier drei von diesen Paaren dualer
Aussagen diskutieren, wobei wir sie in einigen Fällen ein wenig abändern. Jede dieser
Aussagen wurde bis heute lediglich mit Hilfe der Kontinuumhypothese bewiesen, so daß
sich die entsprechenden dualen Aussagen ohne weitere Einschränkung mit Hilfe des Dua-
litätsprinzips ergeben. Da sie von der Kontinuumhypothese abhängen, werden wir sie
als "Aussagen" statt als "Sätze" bezeichnen.
Die erste Aussage stammt von LUSIN (1914) [35, S.36 und 81].


## Aussage 20.1
Jede lineare Menge $E$ von 2.Kategorie besitzt eine Teilmenge $N$ der Mächtigkeit $c$
derart, daß jede überabzählbare Teilmenge von $N$ von 2.Kategorie ist.


## Beweis
Sei $\{X_\alpha : \alpha < \Omega\}$ die Zerlegung von $X$, die der Familie $K$ der Mengen von 1.Kategorie
im Beweis von Satz 19.5 entspricht. Sei $N$ eine Menge, die dadurch entsteht, daß aus
jeder nichtleeren Menge der Form $E \cap X_\alpha$ genau ein Element ausgewählt wird. Da $E$
von 2.Kategorie ist, ist $N$ überabzählbar und besitzt demnach die Mächtigkeit $c$. Keine überabzählbare Teilenge von $N$ läßt sich durch abzählbar viele Mengen aus der Familie $\{X_\alpha\}$ überdecken. Folglich ist keine überabzählbare Teilmenge von $N$ von 1.Ka-
tegorie. $\Box$


Eine überabzählbare Menge $N$ mit der Eigenschaft, daß jede überabzählbare Teilmenge
von 2.Kategorie ist, heißt <u>Lusinsche Menge</u>. Die duale Aussage wurde von SIERPINSKI
im Jahre 1924 beweisen [35, S.80 und 82].


## Aussage 20.1[*]
Jede lineare Menge $E$ von positivem äußeren Maß enthält eine Teilmenge $N$ der Mächtigkeit $c$ derart, daß jede überabzählbare Teilmenge von $N$ ein positives äußeres Maß
besitzt.
In der Aussage 20.1 können wir im Fall $E = R$ zu $N$ eine abzählbare dichte Teilmenge

hinzufügen und dadurch sicherstellen, daß $N$ dicht ist. Eine Teilmenge von $N$ ist dann von 1.Kategorie relativ zu $N$ genau dann, wenn sie von 1.Kategorie in $R$ ist. Die obigen Aussagen implizieren daher, daß überabzählbare Teilräume der Zahlengeraden existieren, in denen sich der Unterschied zwischen 1. und 2.Kategorie oder zwischen Lebesgueschen Nullmengen und Mengen von positivem Lebesgueschen Maß reduziert auf den Unterschied zwischen "höchstens abzählbar" und "überabzählbar".

Da sich auf Grund von Corollar 1.7 jede Teilmenge der Zahlengeraden als Vereinigung einer Nullmenge und einer Menge von 1.Kategorie darstellen läßt, muß eine Lusinsche Menge das Maß 0 haben, während die in der Aussage 20.1[*] auftretende Menge $N$ von 1.Kategorie sein muß.

### Aussage 20.2

Es existiert eine eineindeutige Abbildung $f$ der Zahlengeraden in sich derart, daß $f(E)$ von 2.Kategorie ist, falls $E$ überabzählbar ist.

### Beweis

Man nehme für $f$ irgendeine eineindeutige Abbildung der Zahlengeraden auf eine Lusinsche Teilmenge. []

### Aussage 20.2[*]

Es existiert eine eineindeutige Abbildung $f$ der Zahlengeraden in sich derart, daß $f(E)$ positives äußeres Maß besitzt, falls $E$ überabzählbar ist.

### Aussage 20.3

Jede lineare Menge $E$ von 2.Kategorie enthält $c$ disjunkte Teilmengen von 2.Kategorie.

### Beweis

Sei $f$ eine eineindeutige Abbildung von $R$ auf eine in $E$ enthaltene Lusinsche Menge. Der gewünschte Schluß ergibt sich dann aus der Tatsache, daß die Zahlengerade und die Ebene die gleiche Mächtigkeit besitzen. []

### Aussage 20.3[*]

Jede lineare Menge $E$ von positivem äußeren Maß enthält $c$ disjunkte Teilmengen von positivem äußeren Maß.

Wir zeigten früher (Satz 5.5), daß jede Menge von positivem äußeren Maß eine nicht-meßbare Teilmenge enthält. Daher impliziert Aussage 20.3[*], daß jede Menge $E$ von positivem Maß $c$ disjunkte nicht-meßbare Teilmengen enthält. Auf Grund des Zornschen Lemmas ist diese Familie in einer maximalen Familie disjunkter nicht-meßbarer Teilmengen von $E$ enthalten. Das Komplement der Vereinigung einer derartigen Familie muß das Maß 0 haben. Fügen wir das Komplement zu einer der Mengen aus der Familie hinzu, so gelangen wir zu einer Zerlegung von $E$ in $c$ disjunkte nicht-meßbare Teilmengen. In diesem Zusammenhang ist es interessant anzumerken, daß LUSIN und SIER-

PINSKI [36] ohne Verwendung der Kontinuumhypothese bewiesen haben, daß sich die
Gerade in c disjunkte Bernsteinsche Mengen und daher in c disjunkte nicht-meßbare
Mengen zerlegen läßt. Die dabei verwendete Konstruktion gestattet es gleichzeitig, die
zu dieser Aussage duale Aussage - daß sich die Zahlengerade in c disjunkte Mengen
von 2.Kategorie zerlegen läßt - zu beweisen. Es läßt sich zeigen, daß diese Eigenschaften implizieren, daß die Algebra aller Teilmengen der Zahlengeraden modulo $J_1$
($J_1$ : σ-Ideal der Nullmengen) oder modulo $J_2$ ($J_2$ : σ-Ideal der Mengen von 1.Kate-
gorie) nicht vollständig ist. Dies bedeutet, daß nicht jede Teilmenge der Quotienten-
algebra ein Supremum besitzt [37, Fußnote 11].
Keine der dualen Aussagen, die wir bis jetzt betrachteten, enthielt gleichzeitig die Begriffe "Maß" und "Kategorie". Wir betrachten nun einige Beispiele für Dualität im
allgemeineren Sinne. Ersichtlich liefert Satz 1.6 ein Beispiel: Die Zahlengerade läßt
sich in zwei disjunkte Mengen zerlegen, von denen die eine von 1.Kategorie ist und
die andere das Maß 0 besitzt. Diese Aussage ist selbstdual. Ein etwas interessante-
res Beispiel ist dies: Eine Teilmenge von R ist eine Nullmenge, wenn ihr Durchschnitt mit jeder Menge von 1.Kategorie höchstens abzählbar (oder leer) ist. Die duale Aussage lautet: Eine Teilmenge von R ist von 1.Kategorie, wenn ihr Durchschnitt
mit jeder Nullmenge höchstens abzählbar (oder leer) ist. Beide Aussagen sind Folge-
rungen aus Satz 1.6; die Kontinuumhypothese wird nicht benutzt.
Wir betrachten nun ein nichttriviales Beispiel. Es stellt eine leichte Verallgemeinerung
einer der Sierpinskischen Aussagen dar [35, S.130].


<u>Aussage 20.4</u>
Sei K eine beliebige Familie von eineindeutigen nullmengentreuen Transformationen der
Zahlengeraden derart, daß die Mächtigkeit von K gleich c ist. Dann existiert eine lineare Menge E von 1.Kategorie und der Mächtigkeit c derart, daß die Menge TE $\Delta$ E
für jedes T $\in$ K höchstens abzählbar ist.


<u>Beweis</u>
Wir indizieren die Elemente von K und R so, daß K = $\{T_\alpha : \alpha < \Omega\}$ und R =
= $\{p_\alpha : \alpha < \Omega\}$ gilt. Sei A eine Nullmenge, für die R - A von 1.Kategorie ist. Für
$0 < \alpha < \Omega$ bezeichne $G_\alpha$ die von den Transformationen $T_\beta$ , $\beta < \alpha$ , erzeugte Gruppe.
$G_\alpha$ besteht dann aus sämtlichen Produkten der Form

$$T_{\beta_1}^{k_1} T_{\beta_2}^{k_2} \ldots T_{\beta_n}^{k_n} ,$$

wobei $\beta_i < \alpha$ und $k_i = \overset{+}{-} 1$ gilt, i = 1, 2, ..., n , n beliebig. Folglich ist $G_\alpha$ höchstens abzählbar und jedes T $\in G_\alpha$ ist nullmengentreu. Für jedes T $\in G_\alpha$ ist TA eine Nullmenge, so daß auch $A_\alpha$ = $\bigcup \{TA : T \in G_\alpha\}$ eine Nullmenge ist. Wir setzen $x_0 = p_0$ .
Wir nehmen an, daß Punkte $x_\beta \in R$ für alle $\beta < \alpha$ definiert sind und setzen

$$B_\alpha = \{Tx_\beta : \beta < \alpha , T \in G_\alpha\} .$$

Dann ist $B_\alpha$ höchstens abzählbar, und $A_\alpha \cup B_\alpha$ ist eine Nullmenge. Sei $x_\alpha$ das erste Element bezüglich der Wohlordnung von $R$ derart, daß $x_\alpha$ nicht in $A_\alpha \cup B_\alpha$ liegt. Wir setzen $E_\alpha = \{Tx_\alpha : T \in G_\alpha\}$ und $E = \bigcup_{0 < \alpha < \Omega} E_\alpha$. Dann sind $E_\alpha$ höchstens abzählbar und $E$ überabzählbar. Weiter ist $E$ eine Teilmenge von $R - A$. Folglich ist $E$ von 1. Kategorie. Für beliebige $\beta < \alpha < \Omega$ haben wir $T_\beta E_\alpha = E_\alpha$. Folglich ist $T_\beta E \triangle E \subset$ $\subset \bigcup_{\alpha \leqslant \beta} (E_\alpha \cup T_\beta E_\alpha)$. Dies zeigt, daß $TE \triangle E$ für jedes $T \in K$ höchstens abzählbar ist. $\square$

## Aussage 20.4[*]

Sei $K$ eine beliebige Familie der Mächtigkeit $c$ von eineindeutigen Transformationen der Zahlengeraden, die die Kategorie invariant lassen. Dann existiert eine lineare Menge $E$ vom Maß $0$ und der Mächtigkeit $c$ derart, daß die Menge $TE \triangle E$ für jedes $T \in K$ höchstens abzählbar ist.

SIERPINSKI bewies diese Aussage für die Familie $K$ der Translationen. Der Begriff der Translation ist jedoch nicht rein mengentheoretisch, so daß die entsprechenden Aussagen nicht streng dual sind. Die Familie aller Homöomorphismen der Zahlengeraden auf sich besitzt ebenfalls die Mächtigkeit $c$ ; mit Hilfe von Aussage 20.4[*] gelangen wir zu folgendem

## Corollar 20.5

Unter Voraussetzung der Kontinuumhypothese existiert eine überabzählbare lineare Menge $E$ derart, daß das Bild von $E$ unter jedem Automorphismus der Zahlengeraden eine Nullmenge ist.

Dies zeigt, daß man in Satz 13.2 die Voraussetzung der Abgeschlossenheit von $A$ nicht weglassen kann (man kann sie jedoch durch eine schwächere Voraussetzung ersetzen, etwa, daß $A$ eine Borelsche Menge ist). Nun hat SIERPINSKI [33, S.274] gezeigt, daß sich sogar eine Verschärfung des obigen Corollars beweisen läßt, ohne die Kontinuumhypothese vorauszusetzen. Es ist jedoch bemerkenswert, daß bis jetzt nicht bewiesen werden konnte, daß eine derartige Menge die Mächtigkeit $c$ haben kann. Unter Voraussetzung der Kontinuumhypothese sahen wir, daß nicht nur eine derartige Menge existiert, sondern daß sie auch so gewählt werden kann, daß sie sich von ihrem Bild unter jedem Automorphismus der Zahlengeraden lediglich durch eine höchstens abzählbare Menge unterscheidet.

# Kapitel 21

# Das erweiterte Dualitätsprinzip

Wir lernten viele Beispiele kenne, in denen die Bairesche Eigenschaft eine zur Meßbarkeit analoge Rolle spielt. Ein typisches Beispiel stellt der folgende Satz dar, der eine Umformulierung von Satz 5.5 ist.

<u>Satz 21.1</u>

Ist jede Teilmenge einer linearen Menge $E$ meßbar, dann ist $E$ eine Nullmenge. Besitzt jede Teilmenge von $E$ die Bairesche Eigenschaft, dann ist $E$ von 1.Kategorie.

Läßt sich das Dualitätsprinzip derart erweitern, daß es Meßbarkeit und die Bairesche Eigenschaft als duale Begriff einschließt? Die Möglichkeit eines derartigen Prinzips wurde zuerst von SZPILRAJN [38] untersucht. Um ein solches Prinzip zu begründen, müßten wir etwa eine eineindeutige Abbildung $f$ der Zahlengeraden auf sich finden derart, daß $f(E)$ genau dann meßbar ist, wenn $E$ die Bairesche Eigenschaft besitzt, und daß $f(E)$ genau dann das Maß $0$ hat, wenn $E$ von 1.Kategorie ist. (Die zweite Eigenschaft folgt aus der ersten auf Grund des obigen Satzes und seiner Umkehrung.) SZPILRAJN zeigte jedoch, daß eine derartige Abbildung nicht existieren kann.

Wir führen den Beweis indirekt und nehmen an, daß $f$ eine derartige Abbildung ist. Sei $I$ das Einheitsintervall und sei $E = f^{-1}(I)$ gesetzt. Dann hat $E$ die Bairesche Eigenschaft. Sei $\{x_1, x_2, \ldots\}$ eine höchstens abzählbare dichte Teilmenge von $E$ ; sei $I_i$ ein $x_i$ enthaltendes offenes Intervall derart, daß

$$m(f(I_i) \cap I) < \frac{1}{2^{i+1}}$$

gilt. Wir setzen $G = \bigcup I_i$ . Dann ist $G$ offen, und wir haben $E \subset \bar{G}$ . Es ergibt sich

$$E \subset (G \cap E) \cup (\bar{G} - G) \quad \text{und somit}$$

$$I = f(E) \subset f(G \cap E) \cup f(\bar{G} - G) \subset \bigcup [f(I_i) \cap I] \cup f(\bar{G} - G).$$

Da $\bar{G} - G$ nirgends dicht ist, ist $f(\bar{G} - G)$ eine Nullmenge, und wir erhalten

$$m(I) \leqslant \sum_{i=1}^{\infty} 2^{-i-1} = \frac{1}{2} \quad , \quad \text{Widerspruch} .$$

Die obige Überlegung zeigt gleichzeitig, daß die Abbildungen f und $f^{-1}$ in Satz 19.2 nicht beide Borel-meßbar sein können, d.h. wir können nicht verlangen, daß f(E) und $f^{-1}(E)$ stets dann Borelsch sind, wenn E borelsch ist. (Tatsächlich sind weder f noch $f^{-1}$ Borel-meßbar. Dies folgt daraus, daß die zu einer eineindeutigen Borel-meßbaren Abbildung inverse Abbildung ebenfalls Borel-meßbar ist [18, S.398].) Um zu zeigen, daß das erweiterte Dualitätsprinzip nicht allgemein gültig ist, betrachten wir einen Fall, in dem es nicht gilt.

## Satz 21.2

Sei $E_{i,j}$ eine Doppelfolge von meßbaren Mengen derart, daß $E_{i,j} \supset E_{i,j+1}$ für alle positiven ganzen Zahlen i und j gilt und die Menge $\bigcap_j E_{i,j}$ für jedes i eine Nullmenge ist. Dann existiert eine Folge von Abbildungen $n_k(i)$ , k = 1, 2, ..., der Menge der positiven ganzen Zahlen in sich derart, daß $\bigcap_k \bigcup_i E_{i,n_k(i)}$ eine Nullmenge ist.

## Beweis

Wir setzen $I_k = [-k, +k]$. Zu beliebigen i und k existiert eine positive ganze Zahl $n_k(i)$ derart, daß

$$m(E_{i,n_k(i)} \cap I_k) < \frac{1}{k \cdot 2^i}$$

gilt. Dies impliziert

$$m(\bigcup_i E_{i,n_k(i)} \cap I_k) < \frac{1}{k} .$$

Wir setzen $E = \bigcap_k \bigcup_i E_{i,n_k(i)}$. Für jedes endliche Intervall I gilt $I \subset I_k$ für hinreichend große k . Dann ist

$$(E \cap I) \subset \bigcup_i E_{i,n_k(i)} \cap I_k .$$

Folglich haben wir $m(E \cap I) < \frac{1}{k}$ für alle hinreichend großen Zahlen k , so daß $E \cap I$ für jedes I eine Nullmenge ist. Demnach ist auch E eine Nullmenge. □

## Duale Aussage

Sei $E_{i,j}$ eine Doppelfolge von Mengen, die die Bairesche Eigenschaft besitzen derart, daß $E_{i,j} \supset E_{i,j+1}$ für alle positiven ganzen Zahlen i und j gilt und die Mengen $\bigcap_j E_{i,j}$ , i = 1, 2, ..., von 1.Kategorie sind. Dann existiert eine Folge von Abbildungen $n_k(i)$, k = 1, 2, ..., der Menge der positiven ganzen Zahlen in sich derart, daß $\bigcap_k \bigcup_i E_{i,n_k(i)}$ von 1.Kategorie ist.

Diese Aussage ist falsch. Sei $r_i$ eine Aufzählung aller rationalen Zahlen; wir setzen $E_{i,j} = \left(r_i - \frac{1}{j}, r_i + \frac{1}{j}\right)$. Diese Doppelfolge genügt den Voraussetzungen der obigen Aussage. Für eine beliebige Abbildung $n(i)$ der Menge der positiven ganzen Zahlen in sich ist die Menge $\bigcup_i E_{i,n(i)}$ dicht und offen. Für eine beliebige Folge derartiger Abbildungen $n_k(i)$ ist die Menge $\bigcap_k \bigcup_i E_{i,n_k(i)}$ residual im Gegensatz zur obigen Behauptung.

Obwohl das erweiterte Dualitätsprinzip nicht als allgemeines Prinzip gültig ist, kommt ihm jedoch ein gewisser heuristischer Wert zu. Viele Eigenschaften eines Maßes hängen nur von solchen Eigenschaften der Familie der meßbaren Mengen ab, die auch der Familie der Mengen mit der Baireschen Eigenschaft zukommen. In derartigen Fällen kann das Prinzip eine richtige duale Aussage nahelegen (auch wenn es sie nicht zu beweisen vermag). Man wird dann dazu geführt, einen abstrakten Satz zu suchen, der beide Aussagen enthält. Unsere Diskussion des Wiederkehrsatzes von POINCARÉ macht dies deutlich.

Die Sätze von FUBINI und KURATOWSKI-ULAM gestatten, die Analogie einen Schritt weiter zu verfolgen, indem sie die Topologie des Produktraumes in Analogie setzen zum Produktmaß. Hier wird die "Dualität" noch weniger deutlich. Obwohl die Aussagen beider Sätze erstaunlich ähnlich sind, haben ihre Beweise wenig miteinander gemeinsam; wir sind auch nicht in der Lage, eine Verallgemeinerung zu finden, die beide Sätze enthält. (Die Beziehung, die wir aufdeckten, war von anderer Natur.)

Kann man die Analogie auf unendliche Produkte ausdehen? Ist $\{X_i\}$ eine Folge von Mengen, so ist das kartesische Produkt $X = \prod X_i$ gleich der Familie aller Folgen $\{x_i\}$ mit $x_i \in X_i$, d.h. aller Abbildungen $x$ der Menge der positiven ganzen Zahlen in die Menge $\bigcup X_i$ derart, daß $x_i \in X_i$, $i \geqslant 1$, gilt. Sind die Mengen $X_i$ topologische oder speziell metrische Räume, so definieren sie eine entsprechende Topologie bzw. Metrik in $X$. Sind die $X_i$ normierte Maßräume, so definieren sie ein normiertes "Produktmaß" in $X$. Wir werden diese Begriffe hier nicht allgemein diskutieren, sondern lediglich einen Spezialfall betrachten.

$X_i$ bestehe aus den beiden Elementen $0$ und $1$. $X$ ist dann die Menge aller Folgen von Nullen und Einsen. Die Abbildung $f$ von $X$ auf die Cantorsche Menge, die vermöge

$$f(x) = \sum_{i=1}^{\infty} \frac{2x_i}{3^i}$$

definiert wird, kann man zur Definition der Produkttopologie in $X$ nehmen. Ähnlich definiert die Abbildung

$$g(x) = \sum_{i=1}^{\infty} \frac{x_i}{2^i}$$

von $X$ auf $[0, 1]$, obwohl sie nicht eineindeutig ist, vermöge $\mu(E) = m(g(E))$ ein Maß auf der Familie aller Mengen $E$ derart, daß $g(E)$ meßbar ist. Man kann dies als Definition des Produktmaßes in $X$ nehmen.

Eine Teilmenge $E$ von $X$ heißt eine <u>terminale Menge</u>, wenn aus $x \in E$ $y \in E$ folgt für beliebige $y \in X$, die sich von $x$ nur in endlich vielen Koordinaten unterscheiden. Somit hängt die Zugehörigkeit zu einer terminalen Menge nur vom "Schwanz" einer Folge $\{x_i\}$ ab. Der obige Begriff läßt sich bequemer folgendermaßen darstellen. Sei

$$X^n = \prod_{i=1}^{n} X_i \quad \text{und} \quad Y^n = \prod_{i=n+1}^{\infty} X_i$$

gesetzt, $n \geqslant 1$. Eine Menge $E \subset X$ ist genau dann eine terminale Menge, wenn sich $E$ für jedes $n$ in der Form $E = X^n \times B_n$ faktorisieren läßt, worin $B_n$ eine gewisse Teilmenge von $Y^n$ ist.

Ein wichtiger Satz über das Produktmaß ist das <u>Null-Eins-Gesetz</u> von KOLMOGOROFF. Für den Produktraum, den wir betrachten, lautet es folgendermaßen.

<u>Satz 21.3</u>

Ist $E$ eine meßbare terminale Menge in $X$, dann gilt entweder $\mu(E) = 0$ oder $\mu(E) = = 1$.

Wir skizzieren lediglich den Beweis, indem wir den von HALMOS [12, S.201] gegebenen Beweis spezialisieren. Sei $A_n$ eine Teilmenge von $X^n$; wir setzen $F = A_n \times Y^n$. Es gelte $E = X^n \times B_n$ mit $B_n \subset Y^n$ für $n \geqslant 1$. Dann ist $E \cap F = A_n \times B_n$, $n \geqslant 1$. In unserem Fall ist $X^n$ eine endliche Menge. Besteht $A_n$ aus $k$ Punkten, so haben wir $\mu(F) = \frac{k}{n}$ und $\mu(A_n \times B_n) = \frac{k}{n} \mu(X^n \times B_n)$. Daher ergibt sich $\mu(E \cap F) = \mu(E) \cdot \mu(F)$. Im Raum der meßbaren Mengen (vgl. Kap. 10) läßt sich jede meßbare Menge durch eine Menge der Form $F$ approximieren, da $g(F)$ irgendeine endliche Vereinigung von dyadichen Teilintervallen von $[0, 1]$ sein kann. Es folgt, daß die Gleichung $\mu(E \cap F) = = \mu(E) \cdot \mu(F)$ für jede meßbare Menge $F$ gilt. Insbesondere gilt sie für $F = E$. Somit muß $\mu(E) = 0$ oder $1$ sein.

Besitzt dieser Satz ein Kategorie-Analogon? Wenn ja, so sollte es wie folgt lauten:

<u>Satz 21.4</u>

Ist $E$ eine terminale Menge in $X$, die die Bairesche Eigenschaft besitzt, so ist $E$ entweder von 1.Kategorie oder residual.

Dieser Satz ist richtig! Denn sei $E$ nicht residual. Dann ist $X - E$ von der Form $G \triangle P$, worin $G$ offen, nichtleer und $P$ von 1.Kategorie sind. $G$ ist eine höchstens abzählbare Vereinigung von offenen Mengen der Form $U = A_n \times Y^n$ (die den abgeschlossenen Intervallen entsprechen, mit deren Hilfe die Cantorsche Menge definiert wird). Folglich enthält $G$ eine Menge $U$ von der Form $U = A_n \times Y^n$, wobei $A_n$ nichtleer ist. Auf Grund der Voraussetzung läßt sich $E$ in der Form $E = X^n \times B_n$ schreiben, so daß $U \cap E = A_n \times B_n$ gilt. Wegen

$$A_n \times B_n \subset G \subset (X - E) \cup P$$

haben wir

$$A_n \times B_n \subset E \cap [(X - E) \cup P] \subset P .$$

Folglich ist $A_n \times B_n$ von 1.Kategorie. Nun ist $A_n$ als nichtleere Teilmenge des endlichen diskreten Raumes $X^n$ von 2.Kategorie. Aus Satz 15.3 ergibt sich, daß $B_n$ von 1.Kategorie in $Y^n$ ist. Demnach ist $E = X^n \times B_n$ von 1.Kategorie in $X$ .

Obwohl dieser Beweis auf den speziellen Produktraum, den wir betrachten, abgestimmt ist, läßt sich zeigen, daß der obige Satz für das Produkt einer beliebigen Familie von Baireschen Räumen, die sämtlich eine höchstens abzählbare Basis besitzen, gilt [26]. Um Satz 21.4 zu illustrieren, betrachten wir die Familie $E$ aller Folgen $\{x_i\}$ derart, daß $\lim_{n \to \infty} \frac{1}{n} \sum_{i=1}^{n} x_i = \frac{1}{2}$ gilt. Die Menge $E$ ist ersichtlich eine terminale Menge in $X$ ; sie ist auch Borelsch. Es folgt, daß $\mu(E) = 0$ oder $\mu(E) = 1$ gilt und daß entweder $E$ oder $X - E$ von 1.Kategorie ist. Welche dieser Mengen ist es? Man zeigt leicht (der Beweis sei dem Leser überlassen), daß $E$ von 1.Kategorie ist. Andererseits impliziert das Borelsche starke Gesetz der großen Zahlen, daß $\mu(E) = 1$ gilt. Dieses Ergebnis kann man dahingehend interpretieren, daß das Kategorie-Analogon zum starken Gesetz der großen Zahlen falsch ist. Es scheint also, daß sich die Analogie zwischen Maß und Kategorie auf das Null-Eins-Gesetz erstreckt, jedoch nicht auf das Gesetz der großen Zahlen. Dies erinnert an die Tatsache, daß sich die Analogie auf den Wiederkehrsatz von POINCARÉ, jedoch nicht auf den Ergodensatz erstreckt. Das Gesetz der großen Zahlen läßt sich in der Tat aus dem Ergodensatz herleiten, so daß diese beiden Fälle, in denen die Analogie nicht gilt, untereinander zusammenhängen. Leider ist kein allgemeines Kriterium bekannt, das es gestatten würde zu erkennen, wann ein Satz der Maßtheorie ein zutreffendes Kategorie-Analogon besitzt.

# Kapitel 22
# Kategorie-Maßräume


Im letzten Kapitel wurde gezeigt, daß es keine eineindeutige Abbildung der Zahlengeraden auf sich gibt, die die Familie der Nullmengen auf die Familie der Mengen von
1.Kategorie und zugleich die Familie der meßbaren Mengen auf die Familie der Mengen mit der Baireschen Eigenschaft abbildet. Ist allgemeiner $(X, S, \mu)$ ein Maßraum
mit $0 < \mu(X) < +\infty$ und ist $Y$ ein separabler metrischer Raum ohne isolierte Punkte,
so kann keine S-meßbare Abbildung von $X$ in $Y$ die Eigenschaft haben, daß das Urbild jeder Menge von 1.Kategorie das Maß $0$ besitzt. Wäre nämlich $f$ eine derartige
Abbildung, so könnten wir ein endliches atomfreies Borelsches Maß $\nu$ in $Y$ vermöge
$\nu(E) = \mu(f^{-1}(E))$ für beliebige Borelsche Mengen $E$ definieren. Auf Grund von Satz
16.5 ließe sich $Y$ in eine $\nu$-Nullmenge und in eine Menge von 1.Kategorie zerlegen.
Dann wäre $\nu(Y)$ gleich $0$ im Gegensatz zur Voraussetzung $\mu(X) > 0$ .
Es besteht jedoch die Möglichkeit, daß in allgemeineren topologischen Räumen eine derartige Abbildung existiert, und daß sich keine derartige Zerlegung finden läßt. Dies
trifft in der Tat zu, jedoch haben derartige Räume ungewöhnliche topologische Eigenschaften. Wir werden hier lediglich <u>reguläre</u> Räume betrachten, d.h. Hausdorffsche
Räume, in denen jede Umgebung eines Punktes eine abgeschlossene Umgebung desselben Punktes enthält. Jeder kompakte Hausdorffsche Raum ist ein regulärer Bairescher
Raum; jeder Teilraum eines regulären Raumes ist regulär.
Sei $X$ ein topologischer Raum; sei $\mu$ ein endliches Maß, das auf der $\sigma$-Algebra $S$
der Mengen mit der Baireschen Eigenschaft definiert ist. Gilt $\mu(E) = 0$ genau dann,
wenn $E$ von 1.Kategorie ist, so bezeichnen wir $(X, S, \mu)$ als einen <u>Kategorie-Maß</u>
<u>raum</u> und $\mu$ als ein <u>Kategorie-Maß</u> in $X$ . In jedem derartigen Raum ist das erweiterte
Dualitätsprinzip nicht nur gültig, sondern es ist sogar eine Tautologie! Ehe wir die Existenz von Kategorie-Maßen untersuchten, leiten wir zunächst einige ihrer Eigenschaften
her


<u>Satz 22.1</u>

Sei $\mu$ ein Kategorie-Maß in einem regulären Baireschen Raum $X$ . Zu jeder offenen
Menge $G$ und zu beliebigem $\varepsilon > 0$ existiert eine abgeschlossene Menge $F$ derart, daß
$F \subset G$ und $\mu(F) > \mu(G) - \varepsilon$ gilt; zu jeder abgeschlossenen Menge $F$ und beliebigem
$\varepsilon > 0$ existiert eine offene Menge $G$ derart, daß $F \subset G$ und $\mu(G) < \mu(F) + \varepsilon$ gilt.

## Beweis

Sei $\mathfrak{J}$ eine maximale Familie disjunkter nichtleerer offener Mengen U derart, daß $\bar{U} \subset G$ gilt. Jedes Element aus $\mathfrak{J}$ hat ein positives Maß, so daß $\mathfrak{J}$ höchstens abzählbar sein muß; es gelte etwa $\mathfrak{J} = \{U_i\}$. Wir setzen $U = \bigcup U_i$. Dann folgt $U \subset G$. Die Maximalität von $\mathfrak{J}$ impliziert $G \subset \bar{U}$. Somit ist die Menge $G - U$, die in $\bar{U} - U$ enthalten ist, nirgends dicht, und wir haben $\mu(G) = \sum \mu(U_i)$. Wir wählen ein n so, daß $\sum_{i=1}^{n} \mu(U_i) > \mu(G) - \varepsilon$ gilt. Dann ist die Menge $F = \bigcup_{i=1}^{n} \bar{U}_i$ eine abgeschlossene Teilmenge von G, für die $\mu(F) > \mu(G) - \varepsilon$ gilt. Dies beweist die erste Hälfte des Satzes; die zweite Hälfte ergibt sich durch Komplementbildung. $\square$

## Satz 22.2

Ist X ein regulärer Bairescher Raum und ist $\mu$ ein Kategorie-Maß in X, so ist jede Menge, die von 1.Kategorie in X ist, nirgends dicht.

## Beweis

Sei $P = \bigcup N_i$, $N_i$ nirgends dicht, eine beliebige Menge von 1.Kategorie. Wegen $\mu(\bar{N}_i) = 0$ ergibt sich mit Hilfe von Satz 22.1, daß es zu beliebigen positiven ganzen Zahlen i und j offene Mengen $G_{ij}$ derart gibt, daß $\bar{N}_i \subset G_{ij}$ und $\mu(G_{ij}) < 1/2^{i+j}$ gilt.

Setzen wir $H_j = \bigcup_{i=1}^{\infty} G_{ij}$, so ist $H_j$ offen, und wir haben $P \subset H_j$ und $\mu(\bar{H}_j) = \mu(H_j) < \frac{1}{2^j}$. Wird $F = \bigcap_{j=1}^{\infty} \bar{H}_j$ gesetzt, so ist F abgeschlossen, und es gilt $P \subset F$. Wegen $\mu(F) = 0$ muß das Innere von F leer sein. Folglich ist F nirgends dicht und somit auch P. $\square$

## Satz 22.3

Ist $\mu$ ein Kategorie-Maß in einem regulären Baireschen Raum X, so gilt für jede Menge E mit der Baireschen Eigenschaft

$$\mu(E) = \mu(\bar{E}) = \mu(E^{\prime -\prime})$$

und

$$\mu(E) = \begin{cases} \inf \{\mu(G): E \subset G,\ G \text{ offen}\} \\[2ex] \sup\{\mu(F): E \supset F,\ F \text{ abgeschlossen}\}. \end{cases}$$

## Beweis

Sei $E = G \triangle P$, G offen, P von 1.Kategorie. Folglich ist P nirgends dicht, und somit auch $\bar{P}$. Wegen

$$G - \bar{P} \subset E \subset G \cup P$$

haben wir

$$G - \bar{P} \subset E'^{-'} \subset E \subset \bar{E} \subset \bar{G} \cup \bar{P} \, .$$

Die letzte Menge unterscheidet sich von der ersten Menge lediglich durch eine nirgends dichte Menge. Folglich besitzen sämtliche fünf Mengen das gleiche Maß. Dies beweist die erste Aussage. Die zweite Aussage ergibt sich nun mit Hilfe von Satz 22.1. []

Satz 22.2 zeigt, daß Räume, die ein Kategorie-Maß zulassen, in topologischer Hinsicht ungewöhnlich sind. Satz 22.3 zeigt, daß Kategorie-Maße sehr eng mit der Topologie des Raumes zusammenhängen.

Wir betrachten nun folgendes Problem: Läßt sich zu jedem endlichen Maßraum $(X, S, \mu)$ eine Topologie $\mathcal{T}$ in $X$ definieren, bezüglich der $\mu$ ein Kategorie-Maß ist? Man muß offenbar voraussetzen, daß $\mu$ vollständig ist, da die Familie $\eta$ der Nullmengen mit der Familie der Mengen von 1.Kategorie identifiziert werden soll. Auf Grund von Satz 4.5 ist jede offene Menge von der Form $H - \bar{N}$ , worin $H$ regulär offen und $N$ nirgends dicht sind. Eine Topologie wird daher eindeutig bestimmt durch ihre reulär offenen Mengen und ihre nirgends dichten abgeschlossenen Mengen. In einem Baireschen Raum besitzt jede Menge $E$ , die zur Familie $S$ der Mengen mit der Baireschen Eigenschaft gehört, eine eindeutig bestimmte Darstellung der Form $G \triangle P$ , worin $G$ regulär offen und $P$ von 1.Kategorie sind (Satz 4.6). Setzen wir $G = \varphi(E)$ , so wird hierdurch eine Abbildung $\varphi$ definiert, die aus jeder Äquivalenzklasse von $S$ modulo $J$ ( $J : \sigma$ - Ideal der Mengen von 1.Kategorie) einen Repräsentanten ausgewählt. Satz 4.7 impliziert, daß $\varphi$ Bedingungen genügt, die Ähnlichkeit haben mit denjenigen, die für eine Lebesguesche untere Dichte erfüllt sind (Satz 3.21). Dies legt einen Weg für die Gewinnung eines Kategorie-Maßraumes aus einem Maßraum $(X, S, \mu)$ nahe. Man finde eine Abbildung $\varphi$ von $S$ in $S$ , die den Bedingungen 1) - 5) von Satz 3.21 genügt. Weiter finde man eine geeignete Teilfamilie von $\eta$ , die als Familie der nirgends dichten abgeschlossenen Mengen fungieren soll. Es wird sich zeigen, daß man zu diesem Zweck stets die Familie $\eta$ selbst wählen kann. Auf diese Weise erhalten wir eine zu $\varphi$ gehörige maximale Topologie. Damit wir diese Methode anwenden können, benötigen wir den folgenden Satz, den von NEUMANN und MAHARAM [19] bewiesen haben. Ein weiterer Beweis wurde von A. und C. IONESCU TULCEA [15] gegeben.

<u>Satz 22.4</u>

Zu jedem vollständigen endlichen Maßraum $(X, S, \mu)$ existiert eine Abbildung $\varphi$ von $S$ in $S$ mit folgenden Eigenschaften (hierbei bedeute $A \sim B$ , daß $A \triangle B$ zur Familie $\eta$ der $\mu$-Nullmengen gehört):

1)  $\varphi(A) \sim A$

2)  $A \sim B$  impliziert  $\varphi(A) = \varphi(B)$

3)  $\varphi(\emptyset) = \emptyset$ ,  $\varphi(X) = X$

4)  $\varphi(A \cap B) = \varphi(A) \cap \varphi(B)$

5)  $A \subset B$  impliziert  $\varphi(A) \subset \varphi(B)$ .

Eine derartige Abbildung  $\varphi$  heißt <u>untere Dichte</u>. Wir werden diesen Satz nicht in voller Allgemeinheit beweisen, da wir uns primär für den Lebesgueschen Maßraum interessieren. Wir sahen schon, daß in diesem Fall der Lebesguesche Dichte-Satz eine derartige Abbildung definiert (Satz 3.21). Es ist jedoch ebenso leicht, die analoge Topologie im allgemeinen Fall einzuführen. Sei also  $(X, S, \mu)$  ein vollständiger endlicher Maßraum und sei eine Abbildung  $\varphi : S \to S$  gegeben, die den Bedingungen 1) - 5)  genügt. Sei  $\eta$  die Familie der  $\mu$-Nullmengen. Wir setzen

$$\mathcal{T} = \{\varphi(A) - N : A \in S , N \in \eta \} .$$

<u>Satz 22.5</u>

$\mathcal{T}$  ist eine Topologie in  $X$ .

<u>Beweis</u>

Wegen  $\emptyset \in \eta$  impliziert die Eigenschaft  3), daß die Mengen  $X = \varphi(X) - \emptyset$  und  $\emptyset =$ $= \varphi(\emptyset) - \emptyset$  beide zu  $\mathcal{T}$  gehören. Auf Grund von  4)  haben wir  $[\varphi(A_1) - N_1] \cap$ $\cap [\varphi(A_2) - N_2] = \varphi(A_1 \cap A_2) - (N_1 \cup N_2)$ . Folglich ist  $\mathcal{T}$  abgeschlossen gegenüber endlichen Durchschnittsbildungen. Um zu zeigen, daß  $\mathcal{T}$  gegenüber beliebigen Vereinigungsbildungen abgeschlossen ist, sei

$$\mathfrak{F} = \{\varphi(A_\alpha) - N_\alpha : \alpha \in \Gamma\} , A_\alpha \in S , N_\alpha \in \eta ,$$

eine beliebige Teilfamilie von  $\mathcal{T}$ . Bezeichne  b  das Supremum der Maße der endlichen Vereinigungen von Elemente aus  $\mathfrak{F}$ . Wir wählen eine Folge  $\{\alpha_n\}$  derart, daß

$$\mu \left( \bigcup_{n=1}^{\infty} A_{\alpha_n} \right) = b \text{ gilt. Wir setzen } A = \bigcup_{n=1}^{\infty} A_{\alpha_n} . \text{ Dann gilt } A \in S , \text{ und die Definition von}$$

b  hat

$$A_\alpha - A \in \eta , \quad \alpha \in \Gamma$$

zur Folge. Wegen  $A_\alpha - (A_\alpha - A) \subset A$  ergibt sich mit Hilfe von  2)  und  5), daß

$$\varphi(A_\alpha) \subset \varphi(A) , \quad \alpha \in \Gamma ,$$

gilt. Wir setzen

$$N_0 = \bigcup_{n=1}^{\infty} \left[ N_{\alpha_n} \cup \left( A_{\alpha_n} - \varphi \left( A_{\alpha_n} \right) \right) \right] .$$

104

Es folgt $N_0 \in \eta$ und

$$A - N_0 \subset \bigcup_{n=1}^{\infty} \left[ \varphi(A_{\alpha_n}) - N_{\alpha_n} \right] \subset \bigcup_{\alpha \in \Gamma} \left[ \varphi(A_\alpha) - N_\alpha \right] \subset \varphi(A) \ .$$

Die links und rechts stehenden Mengen unterscheiden sich durch eine Nullmenge, so daß wir auf Grund der Vollständigkeit von $\mu$ für ein gewisses $N \in \eta$

$$\bigcup_{\alpha \in \Gamma} [\varphi(A_\alpha) - N_\alpha] = \varphi(A) - N$$

haben. $\square$

Diese Topologie wurde insbesondere von A. und C. IONESCU TULCEA [16, Kap.5] studiert.

### Satz 22.6

Eine Menge $N \subset X$ ist nirgends dicht bezüglich $\mathcal{T}$ genau dann, wenn $N \in \eta$ gilt. Jede nirgends dichte Menge ist abgeschlossen.

### Beweis

Gilt $N \in \eta$, so ist $X - N = \varphi(X) - N \in \mathcal{T}$. Somit ist jede Menge aus $\eta$ abgeschlossen. Gilt $N \in \eta$ und $\varphi(A_1) - N_1 \subset N$ mit $A_1 \in S$ und $N_1 \in \eta$, so folgt $\varphi(A_1) \in \eta$ und wegen 2) und 3) $\varphi(A_1) = \emptyset$. Dies impliziert $\varphi(A_1) - N_1 = \emptyset$, woraus sich ergibt, daß $N$ nirgends dicht ist. Ist umgekehrt $F$ abgeschlossen und nirgends dicht, so haben wir $X - F = \varphi(A) - N$ für ein gewisses $A \in S$ und $N \in \eta$. Dies zeigt, daß $F$ zu $S$ gehört. Auf Grund von

$$F \supset \varphi(F) - [\varphi(F) - F] \in \mathcal{T}$$

ergibt sich $\varphi(F) \subset \varphi(F) - F$, da $F$ nirgends dicht ist. Auf Grund von 1) und 2) und 3) führt dies zu $\varphi(F) = \emptyset$. Folglich ist $F \sim \emptyset$, d.h. $F \in \eta$. $\eta$ ist also identisch mit der Familie der abgeschlossenen nirgends dichten Mengen. Da jede nirgends dichte Menge in einer abgeschlossenen nirgends dichten Menge enthalten ist, folgt, daß jede nirgends dichte Menge abgeschlossen ist. $\square$

### Satz 22.7

Eine Menge $A \subset X$ besitzt genau dann die Bairesche Eigenschaft, wenn $A \in S$ gilt.

### Beweis

Aus $A \in S$ folgt $A = \varphi(A) \vartriangle (\varphi(A) \vartriangle A)$. Wegen $\varphi(A) \in \mathcal{T}$ und $\varphi(A) \vartriangle A \in \eta$ ergibt sich mit Hilfe von Satz 22.6, daß $A$ die Bairesche Eigenschaft besitzt. Besitzt umgekehrt $A$ die Bairesche Eigenschaft, so gilt für gewisse Mengen $B \in S$, $N \in \eta$ und eine gewisse

Menge $M$ von 1.Kategorie $A = [\varphi(B) - N] \triangle M$ . Auf Grund von Satz 22.6 gehört $M$ zu $\eta$ , und wir haben daher $A \in S$ . $\square$

<u>Satz 22.8</u>

Eine Menge $G \subset X$ ist genau dann regulär offen, falls $G = \varphi(A)$ für ein gewisses $A \in S$ gilt.

<u>Beweis</u>

Für jedes $A \in S$ ist $\varphi(A)$ offen ; die abgeschlossene Hülle von $\varphi(A)$ hat (wegen Satz 22.6) die Form $\varphi(A) \cup N$ für ein gewisses $N \in \eta$ . Sei $\varphi(A_1) - N_1$ irgendeine offene Teilmenge von $\varphi(A) \cup N$ . Dann haben wir

$$\varphi(A_1) - N_1 \subset \varphi(A_1) = \varphi(\varphi(A_1) - N_1) \subset \varphi(\varphi(A) \cup N) = \varphi(A) \ .$$

Folglich ist $\varphi(A)$ die größte offene Teilmenge von $\varphi(A) \cup N$ . Dies zeigt, daß $\varphi(A)$ gleich dem Innern seiner abgeschlossenen Hülle ist, d.h. $\varphi(A)$ ist regulär offen. Ist umgekehrt $G$ regulär offen, so ergibt sich $G = \varphi(A) - N$ für gewisse $A \in S$ und $N \in \eta$ . Da $\varphi(A) \triangle [\varphi(A) - N]$ in $N$ enthalten ist, haben wir $\varphi(A) \sim \varphi(A) - N = G$ . Da sich die Mengen $G$ und $\varphi(A)$ durch eine nirgends dichte Menge unterscheiden und beide regulär offen sind, folgt $G = \varphi(A)$ . $\square$

Wir haben nun gezeigt, daß sich das Problem, einen vollständigen endlichen Maßraum $(X, S, \mu)$ durch Einführung einer geeigneten Topologie zu einem Kategorie-Maßraum zu machen, zurückführen läßt auf das Problem, eine untere Dichte $\varphi$ zu finden. I.a. läßt sich wenig über die Regularität der Topologie $\mathcal{T}$ sagen; sie braucht nicht einmal Hausdorffsch zu sein, da $S$ nicht notwendig die Punkte von $X$ separiert. Im Fall des Lebesgueschen Maßes auf $R$ oder auf einem beliebigen offenen Intervall können wir jedoch für $\varphi(A)$ die Menge aller Punkte nehmen, in denen $A$ die Dichte 1 besitzt. Die zugehörige Topologie $\mathcal{T}$ heißt die <u>Dichte-Topologie.</u> $\mathcal{T}$ besteht aus allen meßbaren Mengen $A$ , die in jedem ihrer Punkte die Dichte 1 besitzen. Folglich enthält $\mathcal{T}$ alle Mengen, die offen bezüglich der üblichen Topologie sind, so daß $\mathcal{T}$ Hausdorffsch ist. In der Tat läßt sich zeigen, daß die Dichte-Topologie in $R$ zwar vollständig regulär, aber nicht normal ist [11]. Wir werden hier lediglich zeigen, daß sie regulär ist.

<u>Satz 22.9</u>

Die Dichte-Topologie in $R$ ist regulär.

<u>Beweis</u>

Sei $x$ ein Punkt einer Menge $A \in \mathcal{T}$ . Dann besitzt $A$ in $x$ die Dichte 1 . Für jede positive ganze Zahl $n$ nehmen wir als $F_n$ eine im üblichen Sinne abgeschlossene Teilmenge von $\left( x - \frac{1}{2n} , x + \frac{1}{2n} \right) \cap A$ derart, daß $m(F_n) > \left( 1 - \frac{1}{n} \right) \cdot m\left[ \left( x - \frac{1}{2n} , \right.\right.$

$$\left. x + \frac{1}{2n} \right) \cap A \left. \right] \text{ gilt. Setzen wir } F = \{x\} \cup \bigcup_{n=1}^{\infty} F_n \text{, so ist } F \text{ im üblichen Sinne abge-}$$

schlossen, und wir haben $\varphi(F) \subset F \subset A$. Da $A$ im Punkt $x$ die Dichte $1$ hat, folgt
hat, folgt

$$n \cdot m \left[ \left( x - \frac{1}{2n}, \ x + \frac{1}{2n} \right) \cap F \right] \geqslant n \cdot m(F_n) \to 1 \ .$$

Dies zeigt, daß $F$ im Punkt $x$ die Dichte $1$ hat, so daß sich $x \in \varphi(F)$ ergibt. Folglich ist $\varphi(F)$ eine $\mathcal{T}$- Umgebung von $x$, deren $\mathcal{T}$ - Hülle in $F$ und damit in $A$ liegt. $\Box$

In einem beliebigen offenen Intervall ist somit das Lebesguesche Maß ein Kategorie-Maß
bezüglich der Dichte-Topologie. Das Lebesguesche Maß in $R$ ist, da es nicht endlich
ist, auf Grund unserer Definition kein Kategorie-Maß. Man kann jedoch leicht ein äqui-
valentes endliches Maß definieren, das dann ein Kategorie-Maß bezüglich der Dichte-
Topologie ist. Relativ zur Dichte-Topologie gilt das erweiterte Dualitätsprinzip; es ist
folglich nicht mehr möglich, $R$ in eine Nullmenge und in eine Menge von 1.Kategorie
zu zerlegen.
Außer der von uns beschriebenen Methode gibt es noch weitere Möglichkeiten, Kate-
gorie-Maßräume einzuführen. Die ersten bekannten Beispiele sind die Booleschen Maßräume, d.h. Räume, die sich aus endlichen Maß-Algebren mit Hilfe des Darstellungs-
satzes von Stone erhalten lassen. Sie liefern Beispiele für kompakte Hausdorffsche
Räume, die ein Kategorie-Maß zulassen [13]. Unter den stetigen Bildern derartiger
Räume lassen sich noch weitere Beispiele finden [25]. Die Theorie derartiger Räume
gehört mehr zu derjenigen der Booleschen Algebren, so daß wir sie hier nicht behan-
deln werden.

# Literaturverzeichnis


[1]  BANACH, S.: Sur les suites d'ensembles excluant l'existence d'une mesure. Colloq. Math. 1, 103-108 (1948).

[2]  BESICOVITCH, A.S.: A problem on topological transformation of the plane. Fund. Math. 28, 61-65 (1937).

[3]  BIRKHOFF, G.D.: Dynamical systems. Amer. Math. Soc. Coll. Publ. Bd. 9 New York 1927.

[4]  BOREL, E.: Leçons sur les fonctions de variables réelles. Paris: Gauthier-Villars 1905.

[5]  — Leçons sur la théorie des fonctions. Paris: Gauthier-Villars 1914.

[6]  BROUWER, L.E.J.: Lebesguesches Maß und Analysis Situs. Math. Ann. 79, 212-222 (1919).

[7]  CARATHÉODORY, C.: Über den Wiederkehrsatz von Poincaré. Sitzungsber. Preuß. Akad. Wiss. 580-584 (1919).

[8]  Contributions to the theory of games, Bd. 2. Ann. Math. Stud., No. 28, 245-266. Princeton, N.J.: Princeton Univ. Press 1953.

[9]  Contributions to the theory of games, Bd. 3. Ann. Math. Stud., No. 39, 159-163. Princeton, N.J.: Princeton Univ. Press 1957.

[10]  ERDÖS, P.: Some remarks on set theory. Ann. of Math. (2) 44, 643-646 (1943).

[11]  GOFFMAN, C., C.J. Neugebauer und T. Nishiura: Density topology and approximate continuity. Duke Math. J. 28, 497-505 (1961).

[12]  HALMOS, P.R.: Measure theory. New York: D. Van Nostrand 1950.

[13]  — Lectures on Boolean algebras. Van Nostrand Math. Studies No.1, Princeton, N.J.: D. Van Nostrand 1963.

[14]  HILMY, H.: Sur les théorèmes de récurrence dans la dynamique générale. Amer. J. Math. 61, 149-160 (1939).

[15]  IONESCU TULCEA, A. und C. IONESCU TULCEA: On the lifting property I. J. Math. Anal. Appl. 3, 537-546 (1961).

[16]  — Topics in the theory of lifting. Erg. d. Math. und ihre Grenzgebiete, Bd. 48. Berlin-Heidelberg-New York: Springer 1969.

[17]  KEMPERMAN, J.H.B., MAHARAM, D.: $R^c$ is not almost Lindelöf. Proc. Amer. Math. Soc. 24, 772-773 (1970).

[18]  KURATOWSKI, C.: Topologie, Bd. 1, 4. Aufl. Warsaw 1958.

[19]  MAHARAM, D.: On a theorem of von Neumann. Proc. Amer. Math. Soc. 9, 987-994 (1958).

[20]  MARCZEWSKI, E., SIKORSKI, R.: Measures in non-separable metric spaces. Colloq. Math. 1, 133-139 (1948).

[21]  — Remarks on measure and category. Colloq. Math. 2, 13-19 (1949).

[22]  MYCIELSKI, J.: Some new ideals of sets on the real line. Colloq. Math. 20. 71-76 (1969).

[23]  OXTOBY, J.C.: The category and Borel class of certain subsets of $\mathscr{L}_p$. Bull. Amer. Math. Soc. 43, 245-248 (1937).

108


[24] OXTOBY, J.C.: Note on transitive transformations. Proc. Nat. Acad. Sci. U.S.A. 23, 443-446 (1937).

[25] — Spaces that admit a category measure. J. Reine Angew. Math. 205, 156-170 (1961).

[26] — Cartesian products of Baire spaces. Fund. Math. 49, 157-166 (1961).

[27] —, ULAM, S.M.: On the equivalence of any set of first category to a set of measure zero. Fund. Math. 31, 201-206 (1938).

[28] — — Measure-preserving homeomorphisms and metrical transitivity. Ann. of Math. (2) 42, 874-920 (1941).

[29] POINCARE, H.: Les méthodes nouvelles de la mécanique céleste, Bd. 3. Paris: Gauthier-Villars 1899.

[30] RADEMACHER, H.: Eineindeutige Abbildungen und Meßbarkeit. Monatsh. f. Math. und Physik 27, 183-291 (1916).

[31] RIESZ, F., Sz.-Nagy, B.: Leçons d'analyse fonctionelle. 4. Aufl. Paris: Gauthier-Villars 1965.

[32] SHOENFIELD, J.R.: Mathematical logic. Reading, Mass.: Addison-Wesley 1967.

[33] SIERPINSKI, W.: Sur une extension de la notion de l'homéomorphie. Fund. Math. 22, 270-275 (1934).

[34] — Sur la dualité entre la première catégorie et la mesure nulle. Fund. Math. 22, 276-280 (1934).

[35] — Hypothèse du continu. Monografie Matematyczne. Bd. 4. Warszawa-Lwów 1934.

[36] —, LUSIN, N.: Sur une décomposition d'un intervalle en une infinité non dénombrable d'ensembles non mesurables. C.R. Acad. Sci. Paris 165, 422-424 (1917).

[37] SIKORSKI, R.: On an unsolved problem from the theory of Boolean algebras. Colloq. Math. 2, 27-29 (1949).

[38] SZPILRAJN, E.: Remarques sur les fonctions complètement additives d'ensemble et sur les ensembles jouissant de la propriété de Baire. Fund. Math. 22, 303-311 (1934).

[39] ULAM, S.M.: Zur Maßtheorie in der allgemeinen Mengenlehre. Fund. Math. 16, 141-150 (1930).

[40] — A collection of mathematical problems. New York: Interscience 1960.

# Hochschultext

Innerhalb der *Hochschultexte* werden auf dem Gebiet der Mathematik wichtige Vorlesungsausarbeitungen und Lehrbücher publiziert. Ebenfalls Aufnahme in die *Hochschultexte* finden Übersetzungen bewährter Lehrbücher; wir glauben, auf diese Weise dem Studierenden der Anfangs- und mittleren Semester Bücher zugänglich machen zu können, die in Form und Inhalt im wahrsten Sinn des Wortes brauchbare Arbeitsmittel sind. *Hochschultexte* ist auf dem Gebiet der Mathematik Vorstufe und Ergänzung der Lehrbuchreihe *Graduate Texts in Mathematics,* einer Reihe, die (ausschließlich in englischer Sprache) es sich zum Ziel gesetzt hat, in knappen Leitfäden den Studierenden unmittelbar an den heutigen Stand der Wissenschaft heranzuführen.

H. Werner, Praktische Mathematik I. 1970. DM 14,– (Ursprünglich erschienen als „Mathematica Scripta, Band 1")

M. Gross und A. Lentin, Mathematische Linguistik. 1971. DM 28,–

J. C. Oxtoby, Maß und Kategorie. 1971. DM 16,–

G. Owen, Spieltheorie. In Vorbereitung.

S. MacLane, Kategorien. In Vorbereitung.

## Graduate Texts in Mathematics

Vol. 1 Takeuti/Zaring: Introduction to Axiomatic Set Theory. VII, 250 pages. Soft cover US $ 9.50, DM 35,–; hard cover US $ 13.50

Vol. 2 Oxtoby: Measure and Category. VIII, 95 pages. Soft cover US $ 7.50, DM 28,–; hard cover US $ 10.50

Vol. 3 Schaefer: Topological Vector Spaces. XI, 294 pages. Soft cover US $ 9.50, DM 35,–; hard cover US $ 13.50

Vol. 4 Hilton/Stammbach: A Course in Homological Algebra. In preparation

Vol. 5 MacLane: Categories. For the Working Mathematician. In preparation